C000110593

ISBN 978-0-483-17905-9
PIBN 10699046

This book is a reproduction of an important historical work. Forgotten Books uses
state-of-the-art technology to digitally reconstruct the work, preserving the original format
whilst repairing imperfections present in the aged copy. In rare cases, an imperfection in
the original, such as a blemish or missing page, may be replicated in our edition. We do,
however, repair the vast majority of imperfections successfully; any imperfections that
remain are intentionally left to preserve the state of such historical works.

MATHEMATISCH-PHYSIKALISCHE BIBLIOTHEK

HERAUSGEGEBEN VON **W. LIETZMANN** UND **A. WITTING**

46

DIE MATHEMATISCHEN GRUNDLAGEN

DER

LEBENSVERSICHERUNG

VON

DR. PHIL. HERMANN SCHÜTZE

STUTTGART

ᛒᏩ

1922

LEIPZIG UND BERLIN

VERLAG UND DRUCK VON B. G. TEUBNER

VORWORT

Eine Darstellung der mathematischen Grundlagen der Lebensversicherung in so engem Rahmen, die außerdem gemeinverständlich sein soll, kann nicht erschöpfend sein. Ich habe mich deshalb auf das *Allerwesentlichste*[1]) beschränkt, *das* aber des leichteren Verständnisses wegen so ausführlich wie möglich gebracht. Insbesondere glaube ich, durch die reichliche Einstreuung durchgerechneter Zahlenbeispiele und die sowohl tabellarische als auch graphische Darstellung der Versicherungswerte die Lebensversicherungsmathematik anschaulich und verständlich gemacht zu haben. Ich empfehle dem Leser, die Zahlenbeispiele vollständig durchzurechnen und auch die Werte der beigegebenen Tafeln zu prüfen.

Sämtliche im Büchlein vorkommenden Formeln sind im Anhang noch einmal zusammengestellt worden.

Stuttgart, 1. Juli 1922.

Dr. H. Schütze.

---

[1]) o mußte verzichtet werden auf ausführliche Darstellung der ...nverteilung und der Sterbetafeln, der Unterjährigkeit, ver- ...rlichen Beiträge und Versicherungswerte, der Versicherung ...ndener Leben, der Selektionstafeln u. a. m.

INHALTSVERZEICHNIS

1. DIE VERSICHERUNGSFORMEN

Nur von den gebräuchlichsten Formen der Lebensversicherung soll die Rede sein. Das sind:

1. Die Todesfallversicherung,
2. Die gemischte Versicherung,
3. Die Versicherung mit bestimmter Verfallzeit.

Jede Versicherung lautet auf eine bestimmte *Versicherungssumme,* z. B. 10 000 M., 50 000 M. usw. Bei der Todesfallversicherung wird diese Summe fällig unmittelbar nach dem Tode des Versicherten. Bei der gemischten Versicherung, die auf eine bestimmte *Versicherungsdauer,* z. B. 10, 15 oder 20 Jahre, abgeschlossen wird, ist die Versicherungssumme zahlbar beim Tode des Versicherten, vorausgesetzt daß der Tod innerhalb der Versicherungsdauer eintritt; erlebt der Versicherte den Ablauf der Versicherungsdauer, so wird ihm dann die Versicherungssumme ausgezahlt. Bei der Versicherung mit bestimmter Verfallzeit wird die Versicherungssumme unabhängig vom Tode des Versicherten fällig sofort nach Eintritt der *Verfallzeit,* d. h. nach Ablauf der Versicherungsdauer, die sich je nach Wunsch des Versicherten auf irgend eine Reihe von Jahren, meist nicht unter 10, erstreckt.

Die *Versicherungsbeiträge,* auch Prämien genannt, sind die Gegenleistungen des Versicherten an den *Versicherer* (die Versicherungsgesellschaft), der ihm dafür den „Versicherungsschutz" gewährt. Die Grundlage aller Rechnungen in der Lebensversicherung ist nun die, daß die Leistung der Versicherungsgesellschaft gleich der Gegenleistung des Versicherten ist. Nach diesem Grundsatze berechnet man die Beiträge der Versicherten.

Im allgemeinen zahlt der Versicherte die Beiträge jährlich auch in unterjährigen Raten. Bei der Todesfallversiche-ind die Beiträge bis zum Tode des Versicherten zu 1; bei der gemischten Versicherung bis zum Ablauf sicherungsdauer oder nur bis zum Tode des Ver-n, wenn er vor Ablauf der Versicherungsdauer ein-nso bei der Versicherung mit bestimmter Verfallzeit.

Es hat natürlich seinen Sinn, daß die Lebensversicherung in diesen drei Hauptformen auftritt. Die Todesfallversicherung als uneigennützigste Form sorgt nicht für den Versicherten selber, sondern allein für die Hinterbliebenen. Sie ist die Grundlage der *Sterbekassen,* die den Hinterbliebenen das Begräbnisgeld des Versicherten liefern; sie dient auch zur Bereitstellung von Kapital für die Erbschaftssteuern und die Nachlaßregelung. Die gemischte Versicherung sorgt für die Hinterbliebenen und den Versicherten selber. Erreicht er das Endalter der Versicherung, d. h. erlebt er den Ablauf ihrer Dauer, so erhält er selber die Versicherungssumme als Rückhalt fürs Alter; stirbt er vor Ablauf der Dauer, so erhalten die Hinterbliebenen die Summe und sind so vor Not geschützt. Die Versicherung mit bestimmter Verfallzeit soll die Mittel bereitstellen für die Aussteuer der Töchter, das Studium und die Berufseinrichtung der Söhne, und zwar unabhängig vom Leben des Ernährers, da nach dessen Tode die Beitragszahlung aufhört, die Summen also unter allen Umständen und zur rechten Zeit da sein werden.

2. DIE ZINSRECHNUNG

Der Zins tritt in allen versicherungstechnischen Rechnungen auf; am durchsichtigsten bei der Versicherung mit bestimmter Verfallzeit. Nehmen wir an, es handle sich darum, den Wert einer solchen Versicherung von 20 jähriger Versicherungsdauer zu bestimmen. Die Versicherungsgesellschaft verpflichtet sich, dem Versicherten oder seinen Hinterbliebenen nach Ablauf von 20 Jahren die Versicherungssumme, sie möge 10 000 M. betragen, zu zahlen. Welchen Wert hat diese Leistung der Versicherungsgesellschaft heute, d. h. zur Zeit des Versicherungsabschlusses? Diesen Wert muß man zunächst ermitteln, wenn man die Versicherungsbeiträge, d. h. die Gegenleistung des Versicherten bestimmen will, denn die Beitragszahlung des Versicherten beginnt mit dem Abschluß der Versicherung.

Es ist klar, daß man den Wert der Versicherung nicht einfach gleich 10 000 M. setzen darf, denn diese Summe würde mit Zins und Zinseszins nach 20 Jahren viel mehr betragen als das, was die Gesellschaft dann leisten wird. Beträgt der Zins z. B. 4 %, so wächst die Summe im 1. Jahr um 400 M. auf 10 400 M. an. Im 2. Jahre beträgt der Zins bereits 416 M., die Summe steigt auf 10 816 M. usw. Man findet den Endwert der Summe nach 20 Jahren gemäß den bekannten Formeln der Zinseszinsrechnung mit $10000 \cdot 1,04^{20}$ $= 21\,911$ M.

Diese Zinseszinsformeln treten bei den Rechnungen der Lebensversicherung in etwas anderer Gestalt auf als in der gebräuchlichen Zinsrechnung. Man setzt den *Zinsfuß* $i = \frac{p}{100}$, worin p gleich dem Prozentsatze ist. Danach hat man bei $4\,^0/_0$ ($p = 4$) den Zinsfuß $i = 0,04$, bei $3\frac{1}{2}\,^0/_0$ $i = 0,035$ usw. Da nun die Zinsen, die das Kapital K in einem Jahre bringt, gleich $\frac{K \cdot p}{100}$ sind, so hat man bei Benutzung des Zinsfußes i den einfacheren Ausdruck $K \cdot i$ für den Zins des Kapitals K in einem Jahre. Setzt man $K = 1$, so hat man i als Zins des Kapitals 1 in 1 Jahre. Also wächst das Kapital 1 in 1 Jahre an auf $(1 + i)$. Läßt man dieses Kapital $(1 + i)$ ein weiteres Jahr Zins tragen, so erhält man als Zins im 2. Jahre $(1 + i) \cdot i$ und als Gesamtkapital am Ende des 2. Jahres

$$(1 + i) + (1 + i) \cdot i = (1 + i)(1 + i) = (1 + i)^2.$$

Das 3. Jahr bringt an Zinsen $(1 + i)^2 \cdot i$, das Kapital wächst an auf $(1 + i)^2 + (1 + i)^2 \cdot i = (1 + i)^2(1 + i) = (1 + i)^3$. Daraus kann man ohne weiteres schließen, daß das Kapital 1 in n Jahren anwächst auf $(1 + i)^n$. Das Kapital K wächst daher in n Jahren an auf $K(1 + i)^n$. Man findet aus dieser Formel für $K = 10000$, $n = 20$ und $i = 0,04$ denselben Ausdruck $10000 \cdot 1,04^{20} = 21\,911$ wie eingangs dieses Abschnitts.

Da solche Zinseszinsrechnungen häufig vorkommen, wäre es umständlich, für jeden einzelnen Fall die Potenzen $(1 + i)^n$ besonders zu berechnen. Man hat sie deshalb in Tafeln zusammengestellt. Tafel I des Anhangs: „Zinsfaktoren" bringt für $i = 0,03$, $0,035$ und $0,04$, d. h. für $3\,^0/_0$, $3\frac{1}{2}\,^0/_0$ und $4\,^0/_0$ Potenzen $(1 + i)^n$ von $n = 1$ bis $n = 40$. Diese Werte nnt man auch *Aufzinsungsfaktoren*. Für $n = 20$ und $4\,^0/_0$ det man den Aufzinsungsfaktor 2,1911 und daraus durch ltiplikation mit 10 000 die Summe 21 911 M., auf die)00 M. in 20 Jahren zu $4\,^0/_0$ anwachsen.

Für unsere Versicherung mit bestimmter Verfallzeit ist damit nichts gewonnen außer der Erkenntnis, daß 10 000 M. ihr Wert nicht sein kann. Man muß sich aber sogleich sagen, daß diejenige Summe ihr Wert ist, die nach Ablauf von 20 Jahren einschließlich Zins und Zinseszins auf 10 000 M. angewachsen sein wird. Nennt man diese Summe einstweilen x, so ist $x \cdot 1{,}04^{20}$ ihr Wert nach 20 Jahren, und also

$$x \cdot 1{,}04^{20} = 10\,000.$$

Daraus findet man $x = \dfrac{10\,000}{1{,}04^{20}} = \dfrac{10\,000}{2{,}1911} = 4564$ M.

Das ist der Wert der Versicherung, und die Versicherungsgesellschaft könnte sich ohne weiteres verpflichten, dem Versicherten nach Ablauf von 20 Jahren die Summe von 10 000 M. auszuzahlen, wenn er ihr dafür zu Beginn der Versicherung 4564 M. gibt. Denn die Gesellschaft wird die 4564 M. zinstragend anlegen, und — wenn sie mindestens 4% Zins erhält, — nach 20 Jahren auch mindestens 10 000 M. zur Verfügung haben.

Allgemein wird man so rechnen: die Versicherungssumme betrage 1 und die Dauer der Versicherung n Jahre; den Wert der Versicherung bezeichnet man mit $A_{\overline{n}|}$. Dieser Wert muß in n Jahren den Betrag 1 erreichen:

$$A_{\overline{n}|} \cdot (1 + i)^n = 1 \quad \text{oder} \quad A_{\overline{n}|} = \frac{1}{(1 + i)^n}.$$

$\dfrac{1}{1+i}$ schreibt man kürzer v und hat

(1) $A_{\overline{n}|} = v^n$

als *Wert der Versicherung mit bestimmter Verfallzeit* für die Versicherungssumme 1. Für die Summe S ist der Wert dann $S \cdot A_{\overline{n}|}$.

v ist der heutige Wert — dafür sagt man auch *Barwert* — des nach einem Jahre fälligen Kapitals 1, denn $v (1 + i) = 1$, da $v = \dfrac{1}{1+i}$. Man nennt v auch den *Abzinsungs*- oder *L* kontierungsfaktor. Der Barwert des nach n Jahren fällig Kapitals 1 ist v^n, denn es ist $v^n (1 + i)^n = 1$, d. h. das l pital v^n wächst in n Jahren auf die Summe 1 an. Die T: „Zinsfaktoren" enthält auch die v^n für 3%, $3\frac{1}{2}$% und 4 von $n = 1$ bis $n = 40$. Man findet daraus für 4% und $n = 20$ den Wert. 0,4564 als Barwert des nach 20 Jahren fälligen Kapitals 1; dann ist 4564 M. der Barwert des nach 20 Jahren fälligen Kapitals von 10 000 M., also nichts anderes als der Wert der Versicherung mit bestimmter Verfallzeit von 20jähriger Dauer bei 4% und 10 000 M. Versicherungssumme.

3. STERBLICHKEIT

Nachdem wir den Wert der Versicherung mit bestimmter Verfallzeit allein durch die Zinsrechnung ermittelt haben, gehen wir über zur Todesfallversicherung. Die Versicherungssumme wird fällig beim Tode des Versicherten. Da niemand von vornherein weiß, wann der Tod des Versicherten eintreten wird, so läßt sich der Wert der Versicherung nicht ohne weiteres bestimmen. Das ist nur dann möglich, wenn sich Gesetze über das Leben und Sterben der Menschen aufstellen lassen.

Langjährige und vielseitige Beobachtungen der statistischen Landesämter und auch der Lebensversicherungsgesellschaften führten zur Aufstellung sog. *Sterblichkeitstafeln*, deren eine im Auszuge im Anhang dieses Bändchens zu finden ist. Es ist die Sterbetafel *Mu WI der 23 deutschen Gesellschaften*. Wie schon der Name sagt, ist sie abgeleitet aus den Erfahrungen von 23 deutschen Lebensversicherungsgesellschaften. Sie bezieht sich auf Personen beiderlei Geschlechts (männlich und weiblich); die Bezeichnung *I* besagt, daß die Personen ärztlich untersucht und für gesund befunden waren.

Die erste Spalte der Tafel ist mit dem Buchstaben x überschrieben. x bedeutet das Alter in Jahren, und mit (x) bezeichnet man gewöhnlich eine x-jährige Person. (25) heißt also: eine Person im Alter von 25 Jahren. Dabei sei erwähnt, daß man eine Person dann als x-jährig auffaßt, wenn sie zwischen $x - \frac{1}{2}$ und $x + \frac{1}{2}$ Jahren alt ist. Eine Person also als 25-jährig während des halben Jahres bis zu ¬ 25. Geburtstage und während des darauffolgenden ¬ Jahres.

Tafel beginnt mit dem Alter 20 und endet mit dem ¬0. Die 2. Spalte enthält die *Zahlen der Lebenden* der einzelnen Altersstufen; l_x ist das Zeichen für die Anzahl der Lebenden des Alters x. In der Tafel ist die Anzahl der Lebenden des Alters 20 willkürlich gleich 100000 gesetzt. Die Beobachtungen ergaben, daß von 100000 der (20) nur 99081 das Alter 21 erreichen; also findet man in der Tafel $l_{21} = 99081$. Demnach müssen von den (20) vor Erreichung des Alters 21

$$100000 - 99981 = 919$$

gestorben sein. Diese 919 bilden die Anzahl der Toten des Alters 20, bezeichnet mit d_{20}. Man findet die d_x in Spalte 3 der Tafel.

In diesem Sinne ist die Tafel weiter zu verfolgen. Von den $l_{21} = 99081$ der (21) sterben $d_{21} = 908$ vor dem Alter 22, so daß $l_{22} = 98173$ des Alters 22 bleiben usw. Allgemein hat man

$$l_x - d_x = l_{x+1}.$$

Die Tafel ist fortgesetzt bis zum Alter 90 und dann abgebrochen, indem einfach $l_{90} = d_{90}$, d. h. die Zahl der Toten des Alters 90 gleich der Zahl der Lebenden desselben Alters, gesetzt wurde. Damit wird $l_{91} = 0$. Natürlich entspricht das nicht den tatsächlichen Verhältnissen, denn wenn von 100000 Personen des Alters 20 nach 70 Jahren noch rund 1000 leben, so werden auch wohl einige 91, 92 oder mehr Jahre alt werden. Doch hat die Fortsetzung der Tafel über das Alter 90 hinaus für die gebräuchlichen versicherungstechnischen Rechnungen wenig Bedeutung mehr.

Das Endalter einer Sterbetafel bezeichnet man mit ω; hier ist also $\omega = 90$ und $l_\omega = d_\omega = 1071$.

Den Verlauf des Absterbens zeigt Fig. 1. Die Kurve der l_x beginnt mit $l_{20} = 100000$ und geht im Bogen gleichmäßig herab bis $l_{90} = 1071$. Die gleiche Figur zeigt auch die Kurve der Toten, aber in größerem Maßstabe. Die Kurve sinkt anfangs, steigt dann langsam und immer schneller, bis sie um das Alter 70 herum ihren Höhepunkt erreicht und dann steil abfällt. Daraus könnte man den voreiligen Schluß ziehe daß die Sterblichkeit der Menschen im Alter 70 am größten wär und später wieder abnähme. Das ist natürlich nicht der Fal

Die Zahlen der Toten d_x, die jene Kurve bilden, sin kein Maß für die Sterblichkeit, sofern man sie absol nimmt. Man muß bedenken, daß die Höchstzahl der Tote nämlich $d_{71} = 2455$, hervorgeht aus $l_{71} = 31249$, während $d_{72} = 2436$, an sich zwar kleiner, aus nur $l_{72} = 28794$ zu nehmen ist. Auf 1000 Lebende des Alters 71 kommen daher 78,6 Tote, auf 1000 Lebende des Alters 72 aber kommen 84,6 Tote. Die Sterblichkeit hat also zugenommen.

Als Maß für die Sterblichkeit benutzen wir eine andere Verhältniszahl, die *Sterbenswahrscheinlichkeit.* Wir setzen

$$q_x = \frac{d_x}{l_x}$$

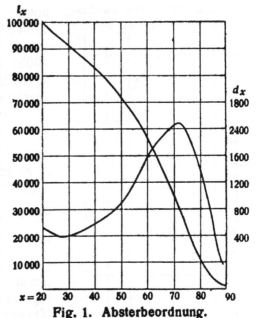

Fig. 1. Absterbeordnung.

und nennen q_x die Sterbenswahrscheinlichkeit[1]) des (x).

Nach der Sterbetafel sterben von 100000 Personen des Alters 20 erfahrungsgemäß 919 vor Erreichung des Alters 21. Ob der einzelne 20-jährige nun zu den 919 gehören wird, das weiß man im voraus nicht; man kann aber mit $919 : 100,000$ darauf rechnen, daß es der Fall sein wird, und man sagt $919 : 100000 = 0,00919$ sei die Wahrscheinlichkeit dafür, daß der (20) vor Erreichung des Alters 21 sterbe. Diese Wahrscheinlichkeit bezeichnet man mit q_{20} und nennt sie die Sterbenswahrscheinlichkeit des (20). Da nun $d_{20} = 919$ und $l_{20} = 100000$ ist, so hat man in der Tat

$$q_{20} = \frac{d_{20}}{l_{20}} \, ,$$

und allgemein $q_x = \frac{d_x}{l_x}$ als Wahrscheinlichkeit dafür, daß der (x)

be vor Erreichung des Alters $(x + 1)$.

agt man im Gegensatz zu dem Bisherigen nach der ırscheinlichkeit, daß der (20) das Alter 21 *erlebe,* so

Vgl. O. Meißner, Wahrscheinlichkeitsrechnung, 4. u. 33. Bd. .r Sammlung.

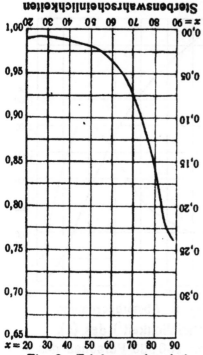

Fig. 2. Erlebenswahrschein-
lichkeiten.

kommt man zu dem Werte 0,99081, denn von 100 000 Personen des Alters 20 erreichen 99081 das Alter 21. Die *Erlebenswahrscheinlichkeit* des (x) bezeichnet man mit p_x und hat

$$p_x = \frac{l_{x+1}}{l_x},$$

da von l_x Personen des Alters x erfahrungsgemäß l_{x+1} das Alter $(x+1)$ erreichen. Man findet $p_{71} = \frac{l_{72}}{l_{71}} = \frac{28794}{31249} = 0,9214,$

und $p_{72} = \frac{l_{73}}{l_{72}} = \frac{26358}{28794} = 0,9154.$ Die Erlebenswahrscheinlichkeit nimmt also in diesem Alter ab. Fig. 2 zeigt den Verlauf der Erlebenswahrscheinlichkeit von p_{20} bis p_{89}. Man sieht, die Erlebenswahrscheinlichkeit nimmt zunächst fast unmerklich zu; sie erreicht im Alter 27 ihren Höhepunkt (wovon man sich durch die Rechnung überzeugen möge), nimmt dann allmählich immer schneller ab, um schließlich in einem etwas flacheren Bogen auszulaufen.

Stellt man die Figur auf den Kopf, so hat man — von rechts nach links gerechnet, — den Verlauf der Sterbenswahrscheinlichkeiten. Das geht daraus hervor, daß $p_x + q_x = 1$ ist für alle Alter. Denn es ist $p_x = \frac{l_{x+1}}{l_x}$, $q_x = \frac{d_x}{l_x}$ und $d_x + l_{x+1} = l_x$. Die berechneten Beispiele zeigen: $p_{20} = 0,99081$, $q_{20} = 0,00919$, also $p_{20} + q_{20} = 1$; $p_{71} = 0,9214$, $q_{71} = 0,0786$, $p_{71} + q_{71} = 1$ usw.

Aus dem Verlauf der Kurve der Sterbenswahrscheinlichkeiten erkennt man, daß die Sterblichkeit bis zum Alter schwach abnimmt, dann aber immer stärker wächst.

Nun wird man ohne Schwierigkeit zur Erweiterung Erlebens- und Sterbenswahrscheinlichkeiten schreiten kön Man fragt sich etwa: Wie groß ist für den (20) die W scheinlichkeit, das Alter 40 zu erreichen? Die Tafel sagt, daß von 100000 Personen des Alters 20 erfahrungsgemäß $l_{40} = 82878$ das Alter 40 erreichen, und daraus berechnet man die gesuchte Wahrscheinlichkeit mit $82878 : 100000 = 0,82878$. Allgemein sei gefragt nach der Wahrscheinlichkeit, daß der (x) das Alter $x + n$ erreiche. Man bezeichnet diese Erlebenswahrscheinlichkeit mit $_np_x$ und hat

$$_np_x = \frac{l_{x+n}}{l_x} \, ,$$

denn von l_x Personen des Alters x erreichen nur l_{x+n} das Alter $x + n$. Ebenso ist

$$_nq_x = \frac{d_{x+n}}{l_x}$$

die Wahrscheinlichkeit dafür, daß der (x) nach Ablauf von n Jahren im Laufe des nächstfolgenden Jahres sterben wird, denn von den l_x Personen des Alters x sterben erfahrungsgemäß d_{x+n} im Alter $x + n$.

4. DIE TODESFALLVERSICHERUNG

Nach diesen Vorbereitungen können wir dazu übergehen, den Wert der Todesfallversicherung zu bestimmen. Wir bleiben zunächst bei der Versicherungssumme von 10000 M. und nehmen an, der Versicherte sei beim Abschluß der Versicherung bereits 60 Jahre alt. Wenn er stirbt, ehe er das Alter 61 erreicht, so hat die Versicherungsgesellschaft schon im ersten Jahre der Versicherung 10000 M. zu zahlen; damit wäre dann die Versicherung erledigt. Die Wahrscheinlichkeit für diesen frühen Tod des Versicherten ist $q_{60} = \frac{d_{60}}{l_{60}} = \frac{1976}{55892} = 0,0354$. Die Gesellschaft wird daher für diesen Fall nicht die ganze Summe, sondern nur einen Teil in Rechnung stellen, nämlich $10000 \cdot 0,0354 = 354$ M. Diesen Teil der Summe nennt man ihren *erwartungsmäßigen Wert*. Wenn allgemein eine Summe S mit der Wahrscheinlichkeit p zu ˋˋ˗ sein wird, so ist $p \cdot S$ der erwartungsmäßige Wert. ˑr auch der Betrag 354 M. ist noch zu hoch, denn die ˍˍˍe wird nicht gleich am ersten Tage der Versicherung, ˋˑˑn erst im Laufe des Jahres anfallen. Man nimmt soˑˑunsten des Versicherten an, daß sie erst am Ende ˑes fällig wird und berechnet deshalb nicht den vollen

Wert 354 M., sondern den um 1 Jahr diskontierten $354 \cdot v$. Bei $3\frac{1}{2}\%$ ist das $354 \cdot 0{,}9662 = 342$ M.

Die Wahrscheinlichkeit dafür, daß der Versicherte im 2. Jahre sterbe, ist $_1q_{60} = \dfrac{d_{61}}{l_{60}} = \dfrac{2038}{55892} = 0{,}0365$; in Rechnung zu stellen ist der Wert $10\,000 \cdot 0{,}0365 = 365$ M., der aber erst nach 2 Jahren fällig wird. Es kommt also

$$365 \cdot v^2 = 365 \cdot 0{,}9335 = 340{,}70 \text{ M.}$$

So müßte man fortfahren bis zum Ende der Sterbetafel und hätte damit ein zwar richtiges aber doch außerordentlich zeitraubendes Rechnungsverfahren. Man hätte dann 31 Barwerte, deren Summe der Barwert der Todesfallversicherung des (60) wäre. Für jedes andere Alter müßte das Verfahren wiederholt werden — das gäbe z. B. für das Alter 20 allein 71 Barwertberechnungen!

Die Praxis schlägt einen bequemeren Weg ein. Es sei der Wert der Todesfallversicherung des (x) zu berechnen; die Versicherungssumme sei 1. Mit der Wahrscheinlichkeit q_x ist zu erwarten, daß der Versicherte im ersten Jahre sterbe, $1 \cdot q_x = q_x$ ist also der erwartungsmäßige Wert. Nimmt man wiederum an, die Zahlung falle auf das Ende des Jahres, so ist $q_x \cdot v$ der Barwert. Die Wahrscheinlichkeit für den Tod nach Ablauf *eines* Jahres, und zwar im 2. Jahre, ist $_1q_x$; daraus geht hervor der Barwert $_1q_x \cdot v^2$. Für das 3. Jahr erhält man $_2q_x \cdot v^3$ usw. bis ans Ende der Sterbetafel. Die Summe sämtlicher Barwerte gibt den Wert der Versicherung, den man mit A_x bezeichnet. Man hat also

$$A_x = q_x \cdot v + {_1q_x} \cdot v^2 + {_2q_x} \cdot v^3 + \cdots$$

Nach dem vorigen Abschnitt ist $q_x = \dfrac{d_x}{l_x}$, $_1q_x = \dfrac{d_{x+1}}{l_x}$ usw.

Daraus folgt $\quad A_x = \dfrac{d_x \cdot v}{l_x} + \dfrac{d_{x+1} \cdot v^2}{l_x} + \dfrac{d_{x+2} \cdot v^3}{l_x} + \cdots$

oder $\quad A_x = \dfrac{d_x \cdot v + d_{x+1} \cdot v^2 + d_{x+2} \cdot v^3 + \cdots}{l_x}$.

Nun multipliziere man Zähler und Nenner der rechten Sei mit v^x:

$$A_x = \dfrac{d_x \cdot v^{x+1} + d_{x+1} \cdot v^{x+2} + d_{x+2} \cdot v^{x+3} + \cdots}{l_x \cdot v^x}$$

Das Produkt $l_x \cdot v^x$ nennt man „*diskontierte Zahl der Lebenden*" und gibt ihm das Zeichen D_x. Diese D_x sind für alle Alter x der Sterbetafel im voraus gerechnet; die Tafel im Anhang enthält die D_x für $3\frac{1}{2}\%$ in der 4. Spalte. Da ist z. B. $D_{90} = 50257$. Man findet durch Rechnung:

$$D_{90} = l_{90} \cdot v^{90} = 100000 \cdot 0{,}5026 = 50260,$$

wo der Fehler in der letzten Stelle auf die Abkürzung der Diskontierungsfaktoren zurückzuführen ist.

Die Produkte $d_x \cdot v^{x+1}$, $d_{x+1} \cdot v^{x+2} \ldots$ bezeichnet man mit C_x, $C_{x+1} \ldots$ und nennt sie „*diskontierte Zahlen der Toten*" (Spalte 6 der Tafel). So ist z. B. $C_{90} = d_{90} \cdot v^{91} = 919 \cdot 0{,}4856 = 446$.

Mit Hilfe dieser Abkürzungen erhält man

$$A_x = \frac{C_x + C_{x+1} + C_{x+2} + \cdots}{D_x}$$

und braucht nun, um A_x zu finden, nichts weiter zu tun, als die C_x der Reihe nach von x bis zum Ende der Tafel zu addieren und die Summe durch D_x zu teilen. Aber auch diese Arbeit ist zum größten Teil schon erledigt, denn die Summen der C_x stehen bereits in der Tafel. Sie sind mit M_x bezeichnet (Spalte 8), so daß

$$M_x = C_x + C_{x+1} + C_{x+2} + \cdots + C_w.$$

Für $x = 90$ ist danach $M_{90} = C_{90} = 47$.

Für $x = 89$ ist $M_{89} = C_{89} + C_{90} = 16 + 47 = 63$,

genauer 62, wie man findet, wenn die C_x mit 1 oder 2 Stellen nach dem Komma gegeben sind. Damit hat man als endgültige Formel für den *Wert der Todesfallversicherung*

(2) $$A_x = \frac{M_x}{D_x}.$$

Zu diesem Werte kann man auch ohne Wahrscheinlichkeitshaung kommen. Man geht davon aus, daß die Versiche g nicht von *einer* Person, sondern von sämtlichen l_x Per .en des Alters x abgeschlossen wird. Der Gesamtwert ser Versicherungen ist dann $l_x \cdot A_x$. Von den l_x Versicher sterben im 1. Jahre d_x, so daß am Ende des 1. Jahres Summe d_x zu zahlen ist, da ja die Versicherungssumme gleich 1 sein soll. Diese Summe hat den Barwert $d_x \cdot v$. Im 2. Jahre sterben d_{x+1} Personen, der Barwert wird $d_{x+1} \cdot v^2$, und so hat man an Barwerten

$$d_x \cdot v + d_{x+1} \cdot v^2 + d_{x+2} \cdot v^3 + \cdots$$

bis zum Ende der Tafel. Die Summe dieser Barwerte stellt die Gesamtleistung der Versicherungsgesellschaft dar für die

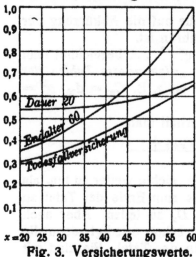

$x = 20 \quad 25 \quad 30 \quad 35 \quad 40 \quad 45 \quad 50 \quad 55 \quad 60\,\text{J.}$

Fig. 3. Versicherungswerte.

l_xVersicherungen. Auf *eine* Versicherung kommt also der Wert

$$\frac{d_x \cdot v + d_{x+1} \cdot v^2 + d_{x+2} \cdot v^3 + \cdots}{l_x}$$

wie oben.

A_x ist der Wert der Todesfallversicherung des (x), d. h. der Wert der Leistung der Versicherungsgesellschaft berechnet auf den Beginn der Versicherung. Die Gegenleistung des Versicherten muß also auch den Wert A_x haben, und daher kann ihm die Gesellschaft die Todesfallversicherung gewähren, wenn er zu Beginn der Versicherung die Summe A_x zahlt. Diese einmalige Zahlung für die ganze Versicherung nennt man *Einmalbeitrag* oder Einmalprämie im Gegensatz zu den jährlichen Beiträgen.

Es ist also $A_x = \dfrac{M_x}{D_x}$ der Einmalbeitrag für die Todesfallversicherung des (x) mit der Versicherungssumme 1. Für die Versicherungssumme S hat man $S \cdot A_x$ als Einmalbeitrag.

x	A_x
20	0,306
25	0,331
30	0,363
35	0,401
40	0,443
45	0,491
50	0,543
55	0,598
60	0,653

Tafel 1.

Für den (20) ist $A_{20} = \dfrac{M_{20}}{D_{20}} = \dfrac{15386}{50257} = 0{,}306$ oder 306 M. für die Versicherungssumme 1000 M.

Nebenstehende Tafel 1 gibt die Einmalbeiträge der Todesfallversicherungen für die „runden" Alter von 20 bis 60. Die Beiträge nehr mit steigendem Alter schnell zu; das liegt da daß die Sterblichkeit mit dem Alter zunii und daß der Zins um so weniger zur Gelt. kommt, je kürzer die Zeit bis zur Fall:— im Erlebensfalle wird (Fig. 3).

5. DIE GEMISCHTE VERSICHERUNG

Es handle sich um die gemischte Versicherung des (x), die Versicherungsdauer betrage n Jahre. Die Technik bezeichnet den Wert einer solchen Versicherung mit $A_{x\overline{n}|}$. Zweierlei ist bei der Bestimmung dieses Wertes zu beachten: *erstens* ist die Versicherungssumme zu zahlen, wenn der Versicherte vor Ablauf der n Jahre *stirbt, zweitens* ist sie nach Ablauf der n Jahre zu zahlen, wenn der Versicherte dann noch *lebt*.

Die Wahrscheinlichkeit dafür, daß der Versicherte im 1. Jahre sterbe, ist q_x, in die Rechnung einzusetzen als Barwert $q_x \cdot v$; für das 2. Jahr kommt $_1q_x \cdot v^2$, für das 3. Jahr $_2q_x \cdot v^3$ usw., und für das letzte, das $n$te $_{n-1}q_x \cdot v^n$, denn $_{n-1}q_x$ ist die Wahrscheinlichkeit dafür, daß der Versicherte das letzte Versicherungsjahr noch erlebt, aber nicht mehr den Ablauf dieses Jahres. Somit ist für den *Todesfall* anzusetzen:

$$q_x \cdot v + {_1q_x} \cdot v^2 + {_2q_x} \cdot v^3 + \cdots + {_{n-1}q_x} \cdot v^n \quad \text{oder}$$

$$\frac{d_x \cdot v}{l_x} + \frac{d_{x+1} \cdot v^2}{l_x} + \frac{d_{x+2} \cdot v^3}{l_x} + \cdots + \frac{d_{x+n-1} \cdot v^n}{l_x}.$$

Man multipliziere Zähler und Nenner wieder mit v^x:

$$\frac{d_x \cdot v^{x+1} + d_{x+1} \cdot v^{x+2} + d_{x+2} \cdot v^{x+3} + \cdots + d_{x+n-1} \cdot v^{x+n}}{l_x \cdot v^x}.$$

Der Nenner ist wiederum gleich D_x. Für den Zähler schreiben wir wie im vorigen Abschnitt:

$$C_x + C_{x+1} + C_{x+2} + \cdots C_{x+n-1},$$

nur gilt die Summe nicht bis ans Ende der Sterbetafel. Nun ist aber

$$C_x + C_{x+1} + C_{x+2} + \cdots + C_{x+n-1} + C_{x+n} +$$
$$C_{x+n+1} + \cdots + C_\omega = M_x$$

und $\qquad C_{x+n} + C_{x+n+1} + \cdots + C_\omega = M_{x+n}$,

und zieht man beide Reihen voneinander ab, so hat man

$$C_{x+1} + C_{x+2} + \cdots + C_{x+n-1} = M_x - M_{x+n}.$$

Es wird also der Anteil des Todesfalles am Werte der Versicherung gleich $\dfrac{M_x - M_{x+n}}{D_x}.$

Erlebensfall. Die Wahrscheinlichkeit dafür, daß der

Versicherte am Ende des $n$ten Jahres noch lebe, ist $_np_x$ daher ist $_np_x \cdot v^n$ der Barwert der Auszahlung auf den Erlebensfall. Es ist also $_np_x = \frac{l_{x+n}}{l_x}$, der Barwert also gleich $\frac{l_{x+n} \cdot v^n}{l_x}$ oder $\frac{l_{x+n} \cdot v^{n+x}}{l_x \cdot v^x}$, woraus, da $l_x \cdot v^x = D_x$ und $l_{x+n} \cdot v^{x+n} = D_{x+n}$ ist, folgt

$$\frac{D_{x+n}}{D_x}$$

als Anteil des Erlebensfalls am Werte der Versicherung. Man erhält daher

$$(3) \qquad A_{x\overline{n}|} = \frac{M_x - M_{x+n} + D_{x+n}}{D_x}$$

als Wert oder Einmalbeitrag der gemischten Versicherung des (x) bei n-jähriger Versicherungsdauer und der Versicherungssumme 1.

Für den (20) bei 20-jähriger Versicherungsdauer hat man

$$A_{20,\,\overline{20}|} = \frac{M_{20} - M_{40} + D_{40}}{D_{20}} = \frac{15386 - 9283 + 20933}{50257} = 0,538$$

oder 538 M. für die Versicherungssumme 1000 M.

Die beiden nebenstehenden Tafeln enthalten:

1. Die Einmalbeiträge für die Dauer 20 Jahre, fortschreitend von 5 zu 5 Jahren vom Eintrittsalter 20 bis zum Eintrittsalter 60 (Tafel 2).

2. Die Einmalbeiträge für das Endalter 60 Jahre, in gleicher Weise geordnet (Tafel 3).

Da beim Eintrittsalter 40 und Endalter 60 die Dauer 20 Jahre beträgt, so müssen für dieses Alter die Werte beider Tafeln übereinstimmen. Bei gleichem Eintritts- und Endalter (Tafel III, 60) ist die Dauer 0, der Beitrag natürlich gleich der Versicherungssumme. Die r Wert ist nur der Vollständig t halber angegeben.

Man vergleiche nunmehr ɑ ɪ Verlauf der Versicherungswerte ɪ Fig. 3. Die Todesfallversicherung – ɪ

Gemischte Versicherung Dauer: 20 Jahre	
x	$A_{x\overline{20}|}$
20	0,538
25	0,539
30	0,543
35	0,550
40	0,561
45	0,576
50	0,599
55	0,630
60	0,668

Tafel 2.

fordert stets den niedrigsten Beitrag, wie das auch nicht anders zu erwarten ist, denn sie gewährt die Versicherungssumme nur beim Tode des Versicherten; die gemischte Versicherung aber leistet mehr durch die Zahlung im Erlebensfalle. Bei gleicher Dauer (vgl. Kurve: Dauer 20) steigt ihr Wert aber mit wachsendem Alter nur langsam an und nähert sich allmählich dem der Todesfallversicherung. Für das Eintrittsalter 60 sind sich beide schon merklich nahegekommen. Das ist auch ver-

Gemischte Versicherung Endalter: 60 Jahre	
x	$A_{x\overline{n}|}$
20	0,355
25	0,392
30	0,439
35	0,495
40	0,561
45	0,639
50	0,734
55	0,850
60	1,000

Tafel 3.

ständlich. Die Todesfallversicherung endigt nach unserer Tafel mit dem Alter 90, die gemischte Versicherung zuerst mit dem Alter 40 (Eintrittsalter 20, Dauer 20), dann 45 usw. bis zum Endalter 80 beim Eintrittsalter 60; beim Eintrittsalter 70 müßten beide Werte zusammenfallen. Man sieht aber schon an der graphischen Darstellung, wie wenig die Jahre nach dem Alter 80 den Versicherungswert beeinflussen, und wird daher auch den Abbruch der Sterbetafel mit dem Alter 90 für berechtigt halten.

Verlauf einer Versicherung: Wenn sich die Kapitalanlagen der Versicherungsgesellschaft genau so hoch verzinsen, wie es dem rechnungsmäßigen Zinsfuß (in unseren Beispielen $3\frac{1}{2}\%$) entspricht, wenn ferner die Sterbefälle genau nach den Voraussetzungen der Sterbetafel eintreffen, so müssen sich die Einnahmen an Beiträgen und Zinsen gegenüber den Ausgaben für Sterbefälle und Abläufe (Auszahlungen für den Erlebensfall) vollständig ausgleichen. Nimmt man an, es haben sämtliche 50-jährige der Tafel, $l_{50} = 71831$, je eine gemischte Versicherung von 10-jähriger Dauer mit der Versicherungssumme 1 abgeschlossen, so erhält die Gesellschaft dem Beginn der Versicherungssummen 71831 mal den Einmalbeitrag von je 0,734 (vgl. die Tafel 3 der Beiträge die gemischte Versicherung mit dem Endalter 60). Die Gesamteinnahme zu Beginn des 1. Jahres beträgt also 71831 0,734 = 52724 M. Diese Summe zu $3\frac{1}{2}\%$ verzinst, bringt im Jahre an Zinsen 1845 M; am Ende des Jahres ist die Summe

2*

Versiche-rungsjahr	Kapital	Einnahme an Zinsen	Ausgabe für Sterbefälle	Kapital-zuwachs
1	52724	1845	1303	542
2	53266	1864	1362	502
3	53768	1882	1425	457
4	54225	1898	1490	408
5	54633	1912	1556	356
6	54989	1925	1621	304
7	55293	1935	1691	244
8	55537	1944	1759	185
9	55722	1950	1832	118
10	55840	1954	1900	54

Tafel 4.

1303 M. zu zahlen für 1303 Sterbefälle (vgl. Sterbetafel). Somit vermehrt sich das Vermögen von 52744 M. um 1825 − 1303 = 542 M. auf 53266 M. Das ist der Vermögensbestand zu Beginn des 2. Jahres; daraus fließen an Zinsen 1864 M., sind für Sterbefälle zu zahlen 1362 M., bleibt ein Zuwachs von 502 M. usw. Tafel 4 zeigt den Verlauf. Das 10. (letzte) Jahr beginnt mit 55840 M. Kapital und bringt einen Zuwachs von 54 M., so daß am Ende des Jahres 55894 M. vorhanden sind. Gemäß der Sterbetafel leben dann noch 55892 Personen des Alters 60, die nun die Versicherungssummen mit 55892 M. erhalten. Der Ausgleich ist also vollständig, denn der Überschuß im Betrage 2 ist lediglich zurückzuführen auf die abgekürzten Zahlen der Rechnung.

In Wirklichkeit ist der Verlauf natürlich anders. Die Gesellschaft erzielt mehr Zinsen, sie hat auch im allgemeinen weniger Sterbefälle, als die Tafel anzeigt. Den so erzielten Gewinn könnte sie verwenden zur Deckung ihrer *Unkosten*. Doch benutzt man dafür meist noch besondere Zuschläge. Die Unkosten setzen sich zusammen aus den Abschlußkosten und den laufenden Verwaltungskosten; Abschlußkosten hat die Gesellschaft für den Werbedienst, die ärztlichen Untersuchungen und die Vergütung, die die Vertreter (Agenten) für das Zustandebringen der Versicherungen erhal⸱⸱⸱ ⸱ie Abschlußkosten rechnet man im Verhältnis zur Versichen⸱ s-summe; ihre Höhe muß aus den geschäftlichen Erfah⸱⸱⸱ ⸱n bestimmt werden. Mit α bezeichnet man die Höhe ⸱⸱⸱ b-schlußkosten auf die Versicherungssumme 1; um α ⸱⸱⸱ so der Einmalbeitrag für die Versicherung zu vermeh⸱⸱

$$A' = A + \alpha,$$

venn man mit A den reinen Einmalbeitrag und mit A' den rhöhten bezeichnet.

Die laufenden Verwaltungskosten gehen hervor aus den iehältern der Beamtenschaft, den Kosten für die Einkassierung ler Beiträge u. a. m. Man rechnet sie im Verhältnis zum ersicherungsbeitrag und bezeichnet sie mit β, so daß also · A' der Anteil der laufenden Unkosten am Beitrage ist. lomit hat man insgesamt $A' = A + \alpha + \beta \cdot A'$, woraus ohne reiteres folgt:

$$A' = \frac{A + \alpha}{1 - \beta} \cdot$$

Es sei $\alpha = 0,05$, d. h. die Abschlußkosten werden mit 5% er Versicherungssumme angesetzt; ferner $\beta = 0,10$ d. h. 10% es Beitrags an laufenden Kosten, so wird

$$A' = \frac{A + 0,05}{0,9}$$

er wirkliche Beitrag (Bruttoprämie) im Gegensatz zum „matheatischen" Beitrag (Nettoprämie). In der Aufstellung der eiträge für die Todesfallversicherung (Tafel 1) findet man $= 0,306$ für das Eintrittsalter 20. Der wirkliche Beitrag ird also

$$A' = \frac{0,306 + 0,05}{0,9} = \frac{0,356}{0,9} = 0,396$$

der 396 M. für die Versicherungssumme 1000 M. *Zu diesen* *leiträgen bieten die Versicherungsgesellschaften ihren Ver-*

Eintritts-alter	Todesfall-Versicherung	Gemischte Versicherung	
		Dauer 20	Endalter 60
20	396	653	450
25	423	654	491
30	459	659	543
^5	501	667	606
,0	548	679	679
,5	601	696	766
,0	659	721	871
'5	720	756	1000
)	781	798	—

Tafel 5.

sicherungsschutz. Tafel 5 gibt die Beiträge an für 1000 **M.**
Versicherungssumme bei der Todesfallversicherung und der
gemischten Versicherung. Sie sind aus den 3 schon gege-
benen Beitragstafeln hervorgegangen.

6. JÄHRLICHE BEITRÄGE

Der Versicherte zahlt zu Beginn jedes Jahres den gleichen
Versicherungsbeitrag, der mit P_x bezeichnet sei.

Die *Todesfallversicherung* verlangt die jährlichen Beiträge
bis zum Tode des Versicherten. Der letzte Beitrag wird also
gezahlt zu Beginn des Versicherungsjahres, in dem der Versicherte stirbt.

Sicher ist der Versicherungsgesellschaft nur der 1. Jahresbeitrag, sie erhält also unter allen Umständen den Betrag P_x
vom Versicherten. Der 2. Beitrag wird zu Beginn des 2.
Jahres zahlbar, ist also um 1 Jahr zu diskontieren: $P_x \cdot v$;
die Wahrscheinlichkeit, daß der Versicherte den Beginn des
2. Jahres erlebt, ist $_1p_x$. Da er nur in diesem Falle den Beitrag zahlt, so hat man den 2. Beitrag mit $_1p_x \cdot P_x \cdot v$ anzusetzen. Für den 3. Beitrag kommt $_2p_x \cdot P_x \cdot v^2$ usw. bis zum
Endalter der Sterbetafel. Als Leistung des Versicherten hat
man daher

$$P_x + {_1p_x}\, P_x \cdot v + {_2p_x} \cdot P_x \cdot v^2 + \cdots$$

bis zum Ende der Sterbetafel;

oder
$$P_x (1 + {_1p_x} \cdot v + {_2p_x} \cdot v^2 + \cdots).$$

Nun ist $_np_x = \dfrac{l_{x+n}}{l_x}$, also wird die Leistung der Versicherten

$$P_x (1 + \frac{l_{x+1} \cdot v}{l_x} + \frac{l_{x+2} \cdot v^2}{l_x} + \cdots)$$

oder
$$P_x\, \frac{l_x + l_{x+1} \cdot v + l_{x+2} \cdot v^2 + \cdots}{l_x}.$$

Zähler und Nenner multipliziere man mit v^x:

$$P_x \cdot \frac{l_x \cdot v^x + l_{x+1} \cdot v^{x+1} + l_{x+2} \cdot v^{x+2} + \cdots}{l_x \cdot v^x}$$

oder
$$P_x \cdot \frac{D_x + D_{x+1} + D_{x+2} + \cdots}{D_x}.$$

Die Summe der diskontierten Zahlen der Lebenden (D_x) ist bis ans Ende der Sterbetafel fortzusetzen. Diese Summen sind für jedes x bereits gerechnet und als N_x

$$N_x = D_x + D_{x+1} + D_{x+2} + \cdots$$

in der Sterbetafel (Spalte 5) enthalten. So hat man als Wert der Leistung des Versicherten einfach $P_x \cdot \dfrac{N_x}{D_x}$. Die Gegenleistung der Versicherungsgesellschaft war als A_x bereits bestimmt.

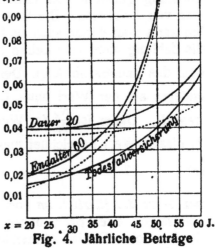

Fig. 4. Jährliche Beiträge

Beide sind einander gleichzusetzen:

$$P_x \cdot \frac{N_x}{D_x} = A_x$$

und daraus

$$P_x = \frac{A_x \cdot D_x}{N_x}.$$

Nun war nach Formel (2) $A_x = \dfrac{M_x}{D_x}$; setzt man diesen Wert für A_x ein, so erhält man mit

(4) $$P_x = \frac{M_x}{N_x}$$

den jährlichen Beitrag für die Todesfallversicherung des (x) mit der Versicherungssumme 1.

Für das Eintrittsalter 20 ist

$$P_{20} = \frac{M_{20}}{N_{20}} = \frac{15386}{103115} = 0,0149$$

der jährliche Beitrag für die Summe 1; für die Summe 10 000 M. hat man dann 149 M. als jähr-en Beitrag. Tafel 6 gibt die Beiträge für Alter 20—60 und die Versicherungssumme)00. Das Ansteigen der Beiträge mit dem er veranschaulicht Figur 4.

elbrenten: Jährlich wiederkehrende Zah-ren nennt man Renten; wird die Zahlung

x	P_x
20	149
25	167
30	193
35	226
40	269
45	326
50	401
55	503
60	637

Tafel 6.

abhängig gemacht vom Leben des Empfängers, so spricht man von *Leibrenten*. Die Beitragsleistungen des Versicherten kann man daher auch als Leibrenten auffassen, nur daß die Zahlung nicht vom Leben des Empfängers, sondern von dem des Zahlers abhängt. Der Wert $P_x \cdot \frac{N_x}{D_x}$ ist also nichts anderes als der Wert einer Leibrente vom jährlichen Betrage P_x. Daher ist $\frac{N_x}{D_x}$ der Wert der Leibrente vom Betrage 1; diesen Wert bezeichnet man mit a_x, und es ist somit

$$(5) \qquad a_x = \frac{N_x}{D_x}$$

der Wert der jährlich im voraus zahlbaren Leibrente (vorschüssigen oder pränumerando Leibrente) vom Betrage 1 des (x). Solche Renten können auch für sich versichert werden. Verpflichtet sich die Gesellschaft, dem Versicherten jährlich den Betrag 1 zu zahlen, solange er am Leben ist, so verlangt sie dafür vom Versicherten den Einmalbeitrag a_x. Für den (60) ist

$$a_{60} = \frac{N_{60}}{D_{60}} = \frac{72734}{7094} = 10{,}25$$

für den Rentenbetrag 1. Für die jährliche Rente von 100 M. hat man 1025 M. als Einmalbeitrag.

Für die Beitragsleistung in der Lebensversicherung hat man P_x als jährlichen Rentenbetrag zu setzen. Danach ist $P_x \cdot a_x$ der Wert der Leistung des Versicherten, und aus

$$P_x \cdot a_x = A_x$$

$$(6) \quad \text{findet man} \qquad P_x = \frac{A_x}{a_x}$$

als jährlicher Beitrag für die Todesfallversicherung. Für den (60) ist der Wert der Todesfallversicherung $A_{60} = 0{,}653$ (vgl. Tafel 1); den Wert der Leibrente fanden wir mit $a_{60} = 10{,}25$, und so wird

$$P_{60} = \frac{A_{60}}{a_{60}} = \frac{0{,}653}{10{,}25} = 0{,}0637$$

für die Versicherungssumme 1 und 637 M. für die Versu. rungssumme 10000 M., wie auch die obige Tafel anç

Die gemischte Versicherung verlangt die jährliche⁻ '

träge bis zum Tode des Versicherten, längstens aber bis zum Ablauf der Versicherungsdauer. Beträgt die Dauer n Jahre, so ist der letzte Beitrag zu Beginn des n^{ten} Jahres zu zahlen, d. i. $n-1$ Jahre nach Abschluß der Versicherung. Der Barwert dieses Beitrages ist demnach $P_{x\overline{n}} \cdot v^{n-1}$, wenn mit $P_{x\overline{n}}$ der jährliche Beitrag für die gemischte Versicherung bezeichnet wird. Die Wahrscheinlichkeit dafür, daß der Versicherte den Fälligkeitstag des letzten Beitrags erlebt, ist $_{n-1}p_x$, denn $_np_x$ war ja die Wahrscheinlichkeit dafür, daß er die ganze Versicherungsdauer durchlebt, deren Ende ein Jahr später ist. Nun hat man gemäß der Aufstellung für die Todesfallversicherung als Wert der Leistung des Versicherten

$$P_{x\overline{n}} (1 + {}_1p_x \cdot v + {}_2p_x \cdot v^2 + \cdots + {}_{n-1}p_x \cdot v^{n-1})$$

oder

$$P_{x\overline{n}} \left(1 + \frac{l_{x+1} \cdot v}{l_x} + \frac{l_{x+2} \cdot v^2}{l_x} + \cdots + \frac{l_{x+n-1}}{l_x} \cdot v^{n-1}\right).$$

Daraus

$$P_{x\overline{n}} \cdot \frac{l_x + l_{x+1} \cdot v + l_{x+2} \cdot v^2 + \cdots + l_{x+n-1} \cdot v^{n-1}}{l_x} \quad \text{oder}$$

$$P_{x\overline{n}} \cdot \frac{l_x \cdot v^x + l_{x+1} \cdot v^{x+1} + l_{x+2} \cdot v^{x+2} + \cdots + l_{x+n-1} \cdot v^{x+n-1}}{l_x \cdot v^x}$$

und endlich

$$P_{x\overline{n}} \cdot \frac{D_x + D_{x+1} + D_{x+2} + \cdots + D_{x+n-1}}{D_x}.$$

Nun ist

$$D_x + D_{x+1} + D_{x+2} + \cdots + D_{x+n-1} + D_{x+n} + D_{x+n+1}$$
$$+ \cdots + D_\omega = N_x$$

und

$$D_{x+n} + D_{x+n+1} + \cdots + D_\omega = N_{x+n}.$$

Subtrahiert man beide Summen voneinander, so erhält man

$$D_x + D_{x+1} + D_{x+2} + \cdots D_{x-+n1} = N_x - N_{x+n}.$$

Daraus ergibt sich als Wert der Leistung des Versicherten

$$P_{x\overline{n}} \frac{N_x - N_{x+n}}{D_x}.$$

..ert ist dem Werte der gemischten Versicherung ichzusetzen:

$$\frac{N_x - N_{x+n}}{D_x} = A_{x\overline{n}} \quad \text{oder} \quad P_{x\overline{n}} = \frac{A_{x\overline{n}} \cdot D_x}{N_x - N_{x+n}}.$$

Nach Formel (3) ist $A_{x\overline{n}} = \dfrac{M_x - M_{x+n} + D_{x+n}}{D_x}$, und so wird

(7) $\qquad\qquad P_{x\overline{n}} = \dfrac{M_x - M_{x+n} + D_{x+n}}{N_x - N_{x+n}}$

der jährliche Beitrag für die gemischte Versicherung von n-jähriger Dauer des (x) mit der Versicherungssumme 1.

x	Dauer 20	Endalter 60
20	394	186
25	395	218
30	402	264
35	414	331
40	432	432
45	460	600
50	505	933
55	575	1915
60	681	∞

Tafel 7.

Für das Eintrittsalter 20 und die Dauer 20 hat man

$$P_{20,\overline{20}} = \frac{M_{20} - M_{40} + D_{40}}{N_{20} - N_{40}}$$

$$= \frac{15386 - 9283 + 20933}{1031126 - 344466}$$

$$= \frac{27036}{686660} = 0{,}0394$$

oder 394 M. für die Summe 10000 M. Für das Eintrittsalter 20 und das Endalter 60, d. i. die Dauer 40, hat man

$$P_{20,\overline{40}} = \frac{M_{20} - M_{60} + D_{60}}{N_{20} - N_{60}} = \frac{15386 - 4635 + 7094}{1031125 - 72734}$$

$$= \frac{17845}{958391} = 0{,}0186$$

oder 186 M. für 10000 M. Dieser Beitrag ist natürlich wesentlich niedriger, da er bis zu 40 mal zahlbar ist, während der erste nur 20 mal fällig wird. Daß er weniger als die Hälfte des ersten beträgt, liegt an dem Einfluß des Zinses.

Für andere Eintrittsalter findet man die Beiträge in der Tafel 7' bei 10000 M. Versicherungssumme sowohl für die Versicherungsdauer von 20 Jahren als auch für das Endalter 60 Jahre; Übereinstimmung zeigt wieder das Eintrittsalter 40. Für dieses Alter schneiden sich auch die beiden Beitragskurven der Fig. 4. Man sieht wiederum, daß sich die Kurve für die Dauer 20 in langsamem Aufstieg der desfallkurve nähert; für das Alter 70 müßte sie mit ihr sammentreffen.

Verlauf der Versicherung: Wie die Einmalbeiträge, müssen auch die jährlichen Beiträge samt ihren Zinsen w rend des Verlaufs der Versicherungen restlos aufgehe

en Ausgaben für Sterbefälle und Abläufe, vorausgesetzt,
aß der wirkliche Zins dem rechnungsmäßigen entspricht,
nd daß das Ableben der Versicherten genau nach den An-
aben der Sterbetafel verläuft. Das soll wiederum gezeigt
erden an der gemischten Versicherung des (50) bei 10-.
hriger Dauer mit der Versicherungssumme 1. Der jähr-
che Beitrag für diese Versicherung beträgt 0,0933 (d. i. für
0000 M. Vers. Summe 933 M. nach obiger Tafel). Nimmt
an an, daß alle (50) der Sterbetafel l_{50} = 71831 die Ver-
cherung abschließen, so hat man als Beitragseinnahme zu
eginn des 1. Jahres 71831 mal 0,0933 gleich 6702 M., die zu
$\frac{1}{3}$% bis zum Ende des Jahres an Zinsen 235 M. bringen, also
uf 6937 M. anwachsen. Für d_{50} = 1303 Tote im 1. Jahre sind
303 M. zu zahlen, sodaß 6937 − 1303 = 5634 M. als Vermögen
m Ende des 1. Jahres vorhanden sind. Dazu kommen zu
eginn des 2. Jahres von den l_{51} = 70528 noch Lebenden
n Beiträgen 70528 · 0,0933 = 6580 M., zusammen 5634
6580 = 12214 M., die durch die Zinsen um 427 M. anwachsen.
n Beiträgen und Zinsen bringt daher das 2. Jahr einen
uwachs von 6580 + 427 = 7007 M. Davon gehen 1362 M. ab
r d_{51} = 1362 Sterbefälle, bleibt also ein Zuwachs von
)07 − 1362 = 5645 M., das Vermögen steigt auf 5634 + 5645
11279 M. Den ganzen Verlauf während der 10 Jahre zeigt
ie Tafel 8. Zu Beginn des 10. Jahres ist ein Vermögen
on 50446 M. vorhanden, das sich bis zum Ende des Jahres
achAbzug der Sterbefälle um 5446 M. auf 55892 M. vermehrt.
ie Sterbetafel zeigt, daß von den 71831 Personen, die die

| | Kapital | Einnahme an | | Ausgabe für | Kapital- |
		Beiträgen•	Zinsen	Todesfälle	Zuwachs
1		6702	235	1303	5634
2	5634	6580	427	1362	5645
3	11279	6453	621	1425	5649
4	16928	6320	814	1490	5644
5	22572	6181	1006	1556	5631
6	23203	6036	1198	1621	5613
7	33816	5885	1390	1691	5584
8	39400	5727	1579	1759	5547
9	44947	5563	1768	1832	5499
10	50446	5392	1954	1900	5446

Tafel 8.

Versicherung abschlossen, dann gerade noch $l_{60} = 55\,892$ am Leben sind. Sie erhalten jeder die Versicherungssumme 1, das ist genau das am Ende der Versicherungen vorhandene Vermögen.

Die Versicherung mit bestimmter Verfallzeit: Wie bei der gemischten Versicherung sind auch hier die Beiträge zahlbar bis zum Tode des Versicherten, längstens aber bis zum Ablauf der Versicherungsdauer von n Jahren. Bezeichnet man den jährlichen Beitrag mit $P_x(A_{\overline{n}|})$, so hat die Leistung des Versicherten also den Wert

$$P_x(A_{\overline{n}|}) \cdot \frac{N_x - N_{x+n}}{D_x}.$$

Die Leistung der Versicherungsgesellschaft hat den Wert $A_{\overline{n}|} = v^n$, und man findet den jährlichen Beitrag aus der Gleichung

$$P_x(A_{\overline{n}|}) \cdot \frac{N_x - N_{x+n}}{D_x} = A_{\overline{n}|}$$

(8)　mit　$P_x(A_{\overline{n}|}) = \dfrac{A_{\overline{n}|} \cdot D_x}{N_x - N_{x+n}} = \dfrac{v^n \cdot D_x}{N_x - N_{x+n}}.$

Für das Eintrittsalter 20 und die Dauer 20 ist der jährliche Beitrag

$$P_{20}(A_{\overline{20}|}) = \frac{v^{20} \cdot D_{20}}{N_{20} - N_{40}} = \frac{0{,}5026 \cdot 50257}{1\,031\,125 - 344\,466} = 0{,}0368$$

oder 368 M. für die Versicherungssumme von 10 000 M.

Für das Eintrittsalter 20 und das Endalter 60 hat man

$$P_{20}(A_{\overline{40}|}) = \frac{v^{40} \cdot D_{20}}{N_{20} - N_{60}} = \frac{0{,}5226 \cdot 50257}{1\,031\,125 - 72\,734} = 0{,}0132$$

oder 132 M. für die Summe 10 000 M.

x	Dauer 20	Endalter 60
20	368	132
25	369	167
30	372	215
35	378	283
40	387	387
45	401	560
50	424	901
55	459	1895
60	512	∞

Tafel 9.

Weitere Beiträge findet man in der Tafel 9. Man vergleiche ihren Verlauf an den gestrichelten Kurven der Fig. 4. Die Beiträge halten sich stets unter denen für die gemischte Ver-sicherung; und das ist ni. t anders zu erwarten, denn die zeitigen Zahlungen für Ste-fälle fallen ja bei der Versichei. mit bestimmter Verfallze·· '

Kurze Leibrenten: Wie für die Todesfallversicherung, so kann man auch die jährlichen Beiträge für die gemischte Versicherung und die Versicherung mit bestimmter Verfallzeit als Renten auffassen. Da die Rentenzahlung aber auf die Dauer von n Jahren abgekürzt ist, so spricht man von *kurzen Leibrenten*. Der Wert einer solchen Rente vom jährlichen Betrage P war bereits bestimmt worden mit $P \cdot \dfrac{N_x - N_{x+n}}{D_x}$. Für den jährlichen Betrag 1 bezeichnet man den Wert mit $a_{x\overline{n}}$ und hat

$$(9) \qquad a_{x\overline{n}} = \frac{N_x - N_{x+n}}{D_x}$$

als Wert der kurzen Leibrente von n-jähriger Dauer des (x).
Für das Alter 20 und die Dauer 20 hat man

$$a_{x\overline{n}} = \frac{N_{20} - N_{40}}{D_{20}} = \frac{1\,031\,125 - 344\,466}{50\,257} = 13,66$$

oder 1366 M. für die jährliche Rente von 100 M.

Da wir für die weitere Berechnung der jährlichen Beiträge von den Rentenwerten noch Gebrauch zu machen haben, sind sie in der Tafel 10 zusammengestellt. Sie nehmen — wie man aus der Tafel

x	Lebenslänglich	Dauer 20	Endalter 60
20	20,52	13,66	19,06
25	19,79	13,63	17,99
30	18,83	13,50	19,60
35	17,72	13,29	14,94
40	16,46	12,98	12,98
45	15,07	12,53	10,66
50	13,52	11,86	7,87
55	11,90	10,95	4,45
60	10,25	9,81	—

Tafel 10.

sieht, — mit steigendem Alter ab, weil die Anzahl der Rentenempfänger um so schneller zusammenschrumpft, je größer die Sterblichkeit wird.

Renten und jährliche Beiträge: Wie der jährliche Beitrag für die Todesfallversicherung nach Formel (6) auch durch
^{x} gegeben war, so hat man für die *gemischte Ver-*
...ng

$$P_{xn} = \frac{A_{x\overline{n}}}{a_{x\overline{n}}}$$

die Versicherung mit bestimter Verfallzeit

(11) $$P_x(A_{\overline{n}|}) = \frac{A_{\overline{n}|}}{a_{x\overline{n}|}}.$$

Für das Eintrittsalter 30 und die Dauer 20 ist $a_{30,\,\overline{20}|} = 13{,}50$ (Tafel 10); in der gemischten Versicherung hat man $A_{30,\,\overline{20}|}$ $= 0{,}543$ (Tafel 2), für die Versicherung mit bestimmter Verfallzeit $A_{\overline{20}|} = v^{20} = 0{,}5026$ (Tafel I, Anhang). Folglich erhält man den jährlichen Beitrag für die gemischte Versicherung:

$$P_{30,\,\overline{20}|} = \frac{A_{30,\,\overline{20}|}}{a_{30,\,\overline{20}|}} = \frac{0{,}543}{13\cdot50} = 0{,}0402 \quad \text{(vgl. Tafel 7)}$$

Versicherung mit bestimmter Verfallzeit

$$P_{30}(A_{\overline{20}|}) = \frac{A_{\overline{20}|}}{a_{30,\,\overline{20}|}} = \frac{0{,}5026}{13\cdot50} = 0{,}0372 \quad \text{(vgl. Tafel 9)}.$$

Setzt man allgemein den jährlichen Beitrag gleich P, den Einmalbeitrag gleich A und den Wert der Rente gleich a, so hat man in

(12) $$P = \frac{A}{a}$$

den allgemeinen Ausdruck für den jährlichen Beitrag.

Wirkliche Jahresbeiträge: In den bisher errechneten „mathematischen" oder reinen Jahresbeiträgen (Nettoprämien) sind die Unkosten der Versicherungsgesellschaft noch nicht enthalten. Die wirklichen Jahresbeiträge (Brutto- oder Tarifprämien) erhöhen sich durch die einmaligen und laufenden Unkosten. Die einmaligen Unkosten α (im Verhältnis zur Versicherungssumme gerechnet) erhöhen den Wert der Leistung der Versicherungsgesellschaft von A auf $A + \alpha$; die laufenden Unkosten β (im Verhältnis zum jährlichen Beitrag gerechnet) erhöhen den Beitrag um $P' \cdot \beta$, wenn man mit P' den wirklichen Jahresbeitrag bezeichnet. So hat man

$$P' = \frac{A+\alpha}{a} + \beta \cdot P'$$

(13) oder $$P' = \frac{A+\alpha}{a(1-\beta)}$$ als *wirklichen Jahresbeitrag.*

Setzt man wieder $\alpha = 0{,}05$ und $\beta = 0{,}10$, d. h. rechnet man die einmaligen Unkosten mit 5% der Versicherungssumme und die laufenden mit 10% des Jahresbeitrags, wird

$$P' = \frac{A + 0{,}05}{a\cdot0{,}9}.$$

Für die Todesfallversicherung des (20) ist

$$P'_{20} = \frac{A_{20} + 0,05}{0,9 \cdot a_{20}} .$$

ach Tafel 1 ist $A_{20} = 0,306$, nach Tafel 10 ist $a_{20} = 20,52$, nd so wird

$$P'_{20} = \frac{0,306 + 0,05}{0,9 \cdot 20,52} = 0,0193$$

der 193 M. für die Versicherungssumme von 10000 M., egenüber dem reinen Jahresbeitrag von 149 M. (Tafel 6).
Für die gemischte Versicherung des (20) bei 20-jähriger auer ist

$$P'_{20,\overline{20|}} = \frac{A_{20,\overline{20|}} + 0,05}{0,9 \cdot a_{20,20}} ,$$

orin $A_{20,\overline{20|}} = 0,538$ (Tafel 2) und $a_{20,\overline{20|}} = 13,66$ (Tafel 10); so wird

$$P'_{20,\overline{20}} = \frac{0,538 + 0,05}{0,9 \cdot 13,66} = 0,0478$$

der 478 M. für die Versicherungssumme von 10000 M., egenüber dem reinen Jahresbeitrag von 394 M. (Tafel 7).
Für die Versicherung mit bestimmter Verfallzeit des (20) ei 20-jähriger Dauer ist $A_{\overline{20}} = 0,5026$ und man hat

$$P'_{20}(A_{\overline{20}}) = \frac{0,5026 + 0,05}{0,9 \cdot 13,66} = 0,0449$$

der 449 M. für die Versicherungssumme von 10000 M., egenüber dem reinen Jahresbeitrag von 368 M. (Tafel 9).

Eintritts-Alter	Todesfall-Versicherung	Gemischte Versicherung		Vers. m. best. Verfallzeit	
		Dauer 20	Endalter 60	Dauer 20	Endalter 60
20	193	478	236	449	176
25	214	480	272	450	216
30	244	488	327	455	270
35	283	502	405	462	352
40	333	523	523	473	473
35	399	555	718	490	674
50	487	608	1107	518	1071
55	605	690	2247	561	2227
	762	813	—	625	—

Tafel 11.

' diese Weise sind die Beiträge der Tafel 11 berech-
Jie also gewissermaßen als fertiger „Tarif" einer Ver-
⁻rungsgesellschaft gedacht sein kann.

7. DAS DECKUNGSKAPITAL

Die Versicherung ist ein Vertrag zwischen dem Versicherten und der Versicherungsgesellschaft, der beide Teile verpflichtet: den Versicherten zur Beitragszahlung, die Versicherungsgesellschaft zur Auszahlung der Versicherungssumme im Todes- oder Erlebensfalle. Beim Abschluß der Versicherung haben beide Verpflichtungen gleichen Wert, denn die Beitragsleistung der Versicherten war so bemessen worden, daß der Wert des Einmalbeitrags oder der Barwert aller zu erwartenden jährlichen Beiträge gleich dem Werte der Gegenleistung der Versicherungsgesellschaft war.

Bei der Versicherung mit Einmalbeitrag entledigt sich der Versicherte seiner Verpflichtungen sofort beim Abschluß der Versicherung. Dagegen bleibt die Verpflichtung der Gesellschaft bestehen bis zur Auszahlung der Versicherungssumme. Sie darf daher den empfangenen Versicherungsbeitrag nicht nach ihrem Belieben verwenden, sondern muß soviel davon als „Reserve" zurückstellen, als ihrer Verpflichtung entspricht. Im ersten Versicherungsjahre ist diese Verpflichtung gleich dem mathematischen Beitrage des Versicherten, der daher unantastbar bleibt; den Aufschlag für die Unkosten wird die Gesellschaft natürlich seiner Bestimmung zuführen. Nach Ablauf des 1. Jahres hat sich die Verpflichtung der Gesellschaft geändert. Der Versicherte ist um ein Jahr älter geworden; nach wie vor bleibt aber die Gesellschaft verpflichtet, im Todes- oder Erlebensfalle die Versicherungssumme zu zahlen. Der Wert ihrer Verpflichtung auf den Todesfall entspricht also jetzt dem Werte der Versicherung des um ein Jahr älteren Versicherten; ebenso der Wert ihrer Verpflichtung auf den Erlebensfall, wobei noch zu berücksichtigen ist, daß dieser Zeitpunkt um ein Jahr näher gerückt ist. Die Verpflichtung der Gesellschaft hat also den Wert einer Versicherung des um ein Jahr älteren Versicherten mit um ein Jahr kürzerer Versicherungsd. Nach k Versicherungsjahren muß dementsprechend die Rt stellung gleich dem Werte der Versicherung des um k Jr älteren Versicherten bei um k Jahre kürzerer Versicheru dauer sein. Diese während des Verlaufs der Versicher. zu machende Rückstellung nennt man ihr *Deckungsk* l

Das Deckungskapital der Todesfallversicherung mit **Einmalbeitrag**: Der Einmalbeitrag für die Todesfallversicherung des (x) bei der Versicherungssumme 1 ist nach Formel(2) $A_x = \frac{M_x}{D_x}$. Nach Ablauf des 1. Jahres hat der Versicherte das Alter $(x + 1)$ erreicht. Der Wert der Verpflichtung der Versicherungsgesellschaft und damit das Deckungskapital beträgt nunmehr $A_{x+1} = \frac{M_{x+1}}{D_{x+1}}$. Das Deckungskapital einer Versicherung mit dem Eintrittsalter x bezeichnet man allgemein mit V_x; zur Kennzeichnung der Anzahl von Jahren, die seit dem Abschlusse vergangen sind, schreibt man $_k V_x$ als Deckungskapital nach k Jahren. Für die Todesfallversicherung fanden wir oben

$$_1V_x = A_{x+1}$$

und dementsprechend ist

(14)
$$_kV_x = A_{x+k}$$

das Deckungskapital der Todesfallversicherung mit Einmalbeitrag nach k Versicherungsjahren.

Für das Eintrittsalter 20 ist nach Tafel 1 $A_{20} = 0,306$, genauer 0,3061. Diesen Betrag hat die Versicherungsgesellschaft zu Beginn der Versicherung als „reinen" Einmalbeitrag eingenommen. Das Deckungskapital, das sie am Ende des 1. Jahres zurückzustellen hat, beträgt

$$_1V_{20} = A_{21} = \frac{M_{21}}{D_{21}} = \frac{14940}{48109} = 0,3105.$$

Es ist größer als der Einmalbeitrag. Nun hat sich der Einmalbeitrag aber verzinst und wäre zu $3\frac{1}{2}\%$ um 0,0107 auf 0,3168 angewachsen. Doch ist der daraus als Überschuß hervorgegangene Betrag von $0,3168 - 0,3105 = 0,0063$ kein Gewinn der Gesellschaft, sondern er ist ausgegeben worden für die Sterbefälle im 1. Versicherungsjahre.

nt man nämlich an, es haben alle $l_{20} = 100000$ Perdes Alters 20 der Sterbetafel die Versicherung abgesen, so wäre die Gesamtbeitragseinnahme zu Beginn sicherungen gleich $100000 \cdot 0,3061 = 30610$ M. geDiese Summe vermehrt sich bis zum Ablauf des urch die Zinsen um 1071 M. auf 31681 M. Anderseits sterben im 1. Jahre $d_{20}' = 919$ Personen, für die an Versicherungssummen insgesamt der Betrag 919 M. zu zahlen ist. Daher bleibt am Ende des Jahres das Kapital $31681 - 919 = 30762$ M. Nach Abzug der Gestorbenen bleiben am Ende des 1. Jahres von den 100000 Versicherten noch 99081; für jeden von ihnen muß das Deckungskapital 0,3105 gestellt werden, insgesamt also 30765 M., und das entspricht in der Tat dem am Ende des 1. Jahres vorhandenen Kapital 30762 M.

(Der Unterschied in der letzten Stelle ist natürlich auf die Abkürzung des Beitrags und des Deckungskapitals auf 4 Stellen zurückzuführen. Es würde aber wenig Wert haben, wollte man die Versicherungswerte, die doch auf in der Wirklichkeit nie genau eintreffenden Voraussetzungen beruhen, übertrieben „genau" rechnen. Das wäre ebenso unsinnig, wie etwa die Angabe der Zimmerwärme auf Tausendstel Grad Celsius oder der Körpergröße auf Hundertstel Millimeter.)

Den weiteren Anstieg des Deckungskapitals für die Todesfallversicherung des (20) kann man sowohl aus der Tafel 1 als auch der Figur 3 ablesen, wenigstens bis zum Alter 60. Im Alter 90, d. h. nach 70 Versicherungsjahren, erreicht das Deckungskapital nahezu den Wert der Versicherungssumme selber, denn es ist

$$_{70}V_{20} = A_{20+70} = A_{90} = \frac{M_{90}}{D_{90}} = \frac{47}{48} = 0{,}98.$$

Das Deckungskapital der gemischten Versicherung mit Einmalbeitrag: $A_{x\,\overline{n}|}$ ist der Beitrag. Nach k Jahren hat der Versicherte das Alter $x + k$ erreicht, ist aber dem Ablauf der Versicherung um k Jahre näher gerückt. Das Deckungskapital der Versicherung ist also

(15) $$_{k}V_{x} = A_{x+k,\,\overline{n-k}|}.$$

Für die gemischte Versicherung des (50) bei zehnjähriger Dauer ist nach Tafel 3

$$A_{50,\,\overline{10}|} = 0{,}734$$

der Einmalbeitrag. Das Deckungskapital nach einem Jahre ist

$$_{1}V_{50} = A_{51,\,\overline{9}|} = \frac{M_{51} - M_{60} + D_{60}}{D_{51}} = \frac{6755 - 4635 + 7094}{12201}$$

$$_{1}V_{50} = 0{,}755.$$

Das Deckungskapital nach 2 Jahren findet man mit

$$_{2}V_{50} = A_{52,\,\overline{8}|} = 0{,}777.$$

Den weiteren Verlauf bis zum Ablauf der Versicherung zeigt Tafel 12. Man vergleiche damit
den Verlauf der Versicherung in Tafel 4. Dort
ging man von der Annahme aus, es hätten l_{50}
$= 71831$ Personen die Versicherung abgeschlossen und fand am Ende des ersten (Beginn des
zweiten) Jahres ein vorhandenes Kapital von
53266. Diesem Kapital steht das Deckungskapital
für alle Versicherungen der noch Lebenden $l_{51} =$
70528 gegenüber. Nimmt man nun an, die vorhandene Summe 53266 M. sei das Deckungskapital,
so kommt in der Tat auf jede einzelne Versiche-

k	V
1	0,755
2	0,777
3	0,800
4	0,825
5	0,850
6	0,877
7	0,905
8	0,935
9	0,966
10	1,000

Tafel 12.

rung der Anteil 53266 : 70528 $= 0,755$ wie in Tafel 12.
Ebenso findet man für das Ende des 2. Jahres aus 53768 M.
vorhandenem Kapital und $l_{52} = 69166$ noch lebenden Versicherten als Deckungskapital einer Versicherung 0,777 usw.

Diese Übereinstimmung trifft natürlich nur solange zu,
als man den Verlauf der Versicherungen so darstellt, daß
sowohl der rechnungsmäßige Zins als auch die Angaben
der Sterbetafel gewahrt bleiben. In Wirklichkeit ist der Verlauf anders. Hat sich das Vermögen der Gesellschaft etwa
mit 4% verzinst, so ist die Einnahme an Zinsen aus 52724 M.
im ersten Jahre 2109 M. statt 1845 M.; wäre ferner die Sterblichkeit um 10% günstiger gewesen, so hätte man 1173 M.
statt 1303 M. für Sterbefälle angeben müssen. Das Vermögen
hätte sich demnach um $2109 - 1173 = 936$ M. auf 52724
$+ 936 = 53660$ M. vermehrt. Nun leben aber am Ende
des 1. Jahres noch $71831 - 1173 = 70658$ Versicherte, die
Gesellschaft hat also das Deckungskapital $70658 \cdot 0,755$
$= 53347$ M. zu stellen. Folglich hat sie einen Überschuß von
$53660 - 53347 = 313$ M. erzielt.

Das Deckungskapital bei jährlicher Beitragszahlung:
An der Verpflichtung der Gesellschaft für sich genommen
ändert sich nichts, ob nun der Versicherte seinen Beitrag
ial geleistet hat oder jährlich leisten wird. Sie bleibt
in der Höhe $A_{x+k,\overline{n-k}|}$ bestehen. Nun hat aber der
icherte bei jährlicher Beitragszahlung auch noch Pflich-
übernommen, die der Verpflichtung der Gesellschaft
nüber stehen. Daher vermindert sich das Deckungs-
al um den Wert der noch ausstehenden Leistungen des

3*

:r Versicherte hat nach Ablauf von k Jahren $P_{x\,\overline{n}|}$ höchstens noch $(n-k)$ mal zu leisten.
einer künftigen Zahlungen kommt also dem
$-k$)-jährigen Rente gleich vom jährlichen
. der Versicherte zu Beginn dieser Rente
hat, so ist der Wert $P_{x\,\overline{n}|}\cdot a_{x+k,\,\overline{n-k}|}$ ein-
:st

$$= A_{x+k,\,\overline{n-k}|} - P_{x\,\overline{n}|}\cdot a_{x+k,\,\overline{n-k}|} \quad .$$

$ital$ *der gemischten Versicherung nach* k
en.

hte Versicherung des (50) bei 10-jähriger
$_{+k,\,\overline{n-k}|}$ bereits in der Tafel 12 zusammen-
:che Beitrag $P_{50,\,\overline{10}|}$ ist nach Tafel 7 gleich
das Deckungskapital nach einem Jahre
)933 $\cdot a_{51,\,\overline{9}|}$.
st

$$\frac{\ldots - N_{60}}{D_{51}} = \frac{161051 - 72734}{12201} = 7,24$$

. $= 0,755 - 0,0933 \cdot 7,24 = 0,080.$

Deckungskapital während der
ungsdauer. In Figur 5 ver-
Verlauf des Deckungskapitals
d jährlichem Beitrag für die
ne 1000!
arstellung des Begriffs vom
che man Tafel 8 heran. Dort
. es hätten $l_{50} = 71831$ Per-
ische Versicherung von 10-
eschlossen. Die Beitragsein-
es 1. Jahres betrug 6072 M.;
n zu $3\frac{1}{2}\%$ die Summe 235 M.
für Sterbefälle den Betrag
Ende des 1. Jahres das Vermögen 5634 M.
t von den Versicherten noch $l_{51} = 70528$
so kam auf jede einzelne Versicherung
l 5634 : 70528 $= 0,080$, was in der Tat
al entspricht. Ebenso findet man für das
aus dem Vermögen 11279 M. und $l_{52} =$

k	V
1	0,080
2	0,163
3	0,250
4	0,341
5	0,436
6	0,536
7	0,642
8	0,754
9	0,873
10	1,000

Tafel 13.

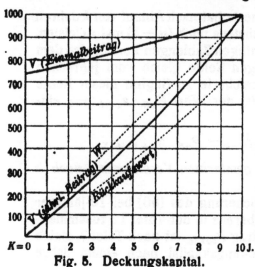

K=0　1　2　3　4　5　6　7　8　9　10 J.

Fig. 5. Deckungskapital.

69166 das Deckungskapital 0,163 für die einzelne Versicherung, wie in Tafel 13.

Hätte sich das Vermögen der Gesellschaft im 1. Jahre· mit 4 % verzinst, so wäre 268 M. der Zinsertrag aus der Beitragseinnahme 6702 M. gewesen; wäre ferner die Sterblichkeit um 10 % günstiger gewesen, so hätte nur die Summe 1173 M. für Sterbefälle aufgebracht zu werden brauchen. Das Vermögen am Ende des Jahres betrüge dann 6702 + 268 − 1173 = 5797 M. statt 5634 M. Aber auch das Deckungskapital ist höher zu bemessen als in Tafel 8, denn statt l_{51} = 70528 leben noch 72851 − 1173 = 70657 Versicherte, für deren Versicherungen das Deckungskapital 70657 · 0,080 = 5653 zu stellen ist. Der Gewinn der Gesellschaft beträgt danach 5797 − 5653 = 144.

Das Deckungskapital der Versicherung mit bestimmter Verfallzeit: Die Leistung der Versicherungsgesellschaft hat nach Ablauf von k Versicherungsjahren den Wert $A_{\overline{n-k}}$ $= v^{n-k}$. Die Leistung des Versicherten entspricht in ihrem Werte der für die gemischte Versicherung, wobei an Stelle

k	V
1	0,082
2	0,166
3	0,254
4	0,346
5	0,442
6	0,542
7	0,648
8	0,759
9	0,876
10	1,000

Tafel 14.

des Jahresbeitrags dafür der Beitrag $P_x(A_{\overline{n}})$ für die Versicherung mit bestimmter Verfallzeit zu setzen ist. Also ist

$$(18)\qquad {}_kV_x = v^{n-k} - P_x(A_{\overline{n}}) \cdot a_{x+k,\,\overline{n-k}}$$

das Deckungskapital der Versicherung mit bestimmter Verfallzeit.

Für das Eintrittsalter 50 und die Dauer war nach Tafel 9 der jährliche Beitrag $P_{50}(A$ = 0,0901. Das Deckungskapital wird

$${}_kV_{50} = v^{10-k} - 0,0901 \cdot a_{50+k,\,\overline{10-k}}$$

Nach Ablauf des 1. Jahres

$$_1V_{50} = v^9 - 0,0901 \cdot a_{51,\overline{5}}$$
$$= 0,734 - 0,0901 \cdot 7,24$$
$$_1V_{50} = 0,082$$

Die Deckungskapitalien für die ganze Versicherungsdauer findet man in Tafel 14.

8. DAS ZILLMERSCHE DECKUNGSKAPITAL

Die Behandlung des Deckungskapitals in den vorigen Abschnitten geschah auf Grund der mathematischen Beiträge ohne Rücksicht auf die Unkosten der Gesellschaft. Man nehme nun einmal an, die Gesellschaft habe für die 71 831 Versicherten der Tafel 8 nicht den mathematischen Beitrag 0,0933, sondern den wirklichen Jahresbeitrag 0,1107 (Tafel 11) eingenommen. Ihre Beitragseinnahme betrüge also zu Beginn des 1. Versicherungsjahres $71 831 \cdot 0,1107 = 7952$ M. Die laufenden Verwaltungskosten waren bei den Beiträgen der Tafel 11 zu 10% des Beitrags angesetzt. Entspricht das den wirklichen Verhältnissen, so hat die Gesellschaft an laufenden Ausgaben den Betrag 795 M. von der Beitragseinnahme abzuziehen; bleiben $7952 - 795 = 7157$ M. Die Abschlußkosten waren mit 0,05 für jede Versicherung (d. i. $50\%_{00}$ der Versicherungssumme) angenommen; für 71 831 Versicherungen hätte daher die Gesellschaft die Ausgabe $71 831 \cdot 0,05 = 3592$ M. Somit bliebe als Einnahme $7157 - 3592 = 3565$ M. Dieses Kapital vermehrt sich durch die Zinsen in Höhe von 125 M. auf 3690 M. Davon geht ab für Sterbefälle 1303 M., folglich bleibt am Ende des Jahres $3690 - 1303 = 2387$ M. Demgegenüber hat die Gesellschaft das Deckungskapital für $l_{51} = 70 528$ Versicherungen zu je 0,080, zusammen 5642 M. zu stellen. Da aber nur 2387 M. vorhanden sind, so hat sie einen *Verlust* von $5642 - 2387 = 3255$ M. zu verzeichnen, trotzdem sie nicht mehr Sterbefälle hatte, als vorgesehen waren, trotzdem der Zins nicht geringer als $3\frac{1}{2}\%$ r, und trotzdem die Verwaltungskosten nicht größer waren die in den Beiträgen enthaltenen.

ı Beginn des 2. Jahres zahlen noch $l_{51} = 70 528$ Ver-.-erte den Beitrag, insgesamt $70 528 \cdot 0,1107 = 7807$ M. Dagehen ab 781 M. für laufende Verwaltungskosten. Das

Kapital zu Beginn des 2. Jahres beläuft sich also auf 2387
+ 7807 — 781 = 9413 M. Bis zum Ende des Jahres kommen
dazu an Zinsen 329 M., die Summe wächst also an auf 9742 M.
Davon geht ab für Sterbefälle 1362 M., und es bleibt am Ende
des 2. Jahres als Vermögen 8380 M. Dem steht gegenüber
das Deckungskapital von je 0,163 für l_{52} = 69 166 Versicherungen, d. i. 11 274 M. Der Verlust der Gesellschaft ist damit
auf 11 274 — 8380 = 2894 M. heruntergegangen.

Verfolgt man die Versicherungen auf diese Art weiter, so
findet man, daß der Verlust mit jedem Jahre kleiner wird
und schließlich beim Ablauf der Versicherungen verschwindet.

Dieser Verlust kommt daher, daß die Gesellschaft die vollen
Abschlußkosten für die Versicherung gleich beim Abschlusse
leistet, während sie der Versicherte bei jährlicher Beitragszahlung nach und nach abträgt. Die Gesellschaft hat also
mit den Abschlußkosten für die Versicherung bereits eine
Leistung erfüllt, deren Gegenleistung noch aussteht. Genau
wie die noch zu erwartende mathematische Beitragsleistung
des Versicherten wird man aber auch seine künftigen Zahlungen für die Abschlußkosten, die in den wirklichen Jahresbeiträgen enthalten sind, bei der Berechnung des Deckungskapitals berücksichtigen können.

Ist A der Wert der Versicherung und α der Wert der Abschlußkosten, so ist

$$P = \frac{A + \alpha}{a}$$

der Jahresbeitrag ohne Rücksicht auf die laufenden Verwaltungskosten (Formel 13). Der Anteil der Abschlußkosten
am Beitrage ist also $\frac{\alpha}{a}$. Vermehrt man bei der Bemessung
des Deckungskapitals den Beitrag P um $\frac{\alpha}{a}$, so hat man die
Abschlußkosten voll berücksichtigt, und es ist

(19)　　　　$_h\overline{V}_x = A_k - \left(P + \frac{\alpha}{a}\right) \cdot a_k$

die Formel für das Deckungskapital, das man *Zillmer-----
Deckungskapital* nennt, nach Dr. Zillmer, der es eingeführt

Für die Todesfallversicherung ist danach gemäß Formel

(19a)　　　　$_h\overline{V}_x = A_{x+k} - \left(P_x + \frac{\alpha}{a_x}\right) \cdot a_{x+k};$

für die gemischte Versicherung gemäß Formel (17)

(19b) $_k\bar{V}_x = A_{x+k,\,\overline{n-k}|} - \left(P_{x\overline{n}|} + \dfrac{\alpha}{a_{x\,\overline{n}|}}\right) \cdot a_{x+k,\,\overline{n-k}|}$;

ür die Versicherung mit bestimmter Verfallzeit

19c) $_k\bar{V}_x = v^{n-k} - \left(P_x(A_{\overline{n}|}) + \dfrac{\alpha}{a_{x\,\overline{n}|}}\right) \cdot a_{x+k,\,\overline{n-k}|}$.

Wie diese Methode das Deckungskapital ändert, soll wieder der gemischten Versicherung des (50) von 10-jähriger auer gezeigt werden. Dafür hat man

$$_k\bar{V}_{50} = A_{50+k,\,\overline{10-k}|} - \left(P_{50,\,\overline{10}|} + \dfrac{\alpha}{a_{50,\,\overline{10}|}}\right) \cdot a_{50+k,\,\overline{10-k}|} .$$

ach einem Jahre:

$$_1\bar{V}_{50} = A_{51,\,\overline{9}|} - \left(P_{50,\,\overline{10}|} + \dfrac{\alpha}{a_{50,\,\overline{10}|}}\right) \cdot a_{51,\,\overline{9}|} .$$

$_{51,\,\overline{9}|} = 0{,}755$ (Tafel 12); $P_{50,\,\overline{10}|} = 0{,}0933$ (Tafel 7); $\alpha = 0{,}05$; $_{,\,\overline{10}|} = 7{,}87$ (Tafel 10) und $a_{51,\,\overline{9}|} = 7{,}24$ (vgl. S. 25). Also

$$_1\bar{V}_{50} = 0{,}755 - \left(0{,}0933 + \dfrac{0{,}05}{7{,}87}\right) \cdot 7{,}24$$

$$_1\bar{V}_{50} = 0{,}655 - 0{,}09965 \cdot 7{,}24$$

$$_1\bar{V}_{50} = 0{,}034$$

egen $_1V_{50} = 0{,}080$ ohne Berücksichtigung der Abschluß-osten.

Man vergegenwärtige sich, daß bei Einsatz der Abschluß-osten laut Berechnung zu Beginn dieses Abschnitts das ermögen der Gesellschaft am Ende des 1. Jahres 2387 etrug. Es verteilt sich auf 70528 Versicherungen, woraus ich ergibt, daß auf eine einzige gerade das Zillmersche eckungskapital 2387 : 70528 = 0,034 kommt.

Die Zillmersche Methode der Berechnung des Deckungs-apitals ist namentlich nach dem Kriege zu großer Bedeu-, gekommen. Mit der allgemeinen Teuerung wuchsen die Verwaltungskosten der Versicherungsgesellschaften; _ntlich die Abschlußkosten erreichten eine außerordent- ‾ Höhe, weil nämlich der Zugang an neuen Versiche- ‾n ungemein groß wurde und bei mancher Gesellschaft ‾‾ die Höhe des vorhandenen Versicherungsbestandes

erreichte. Die Ursache dieses starken Ansteigens des·Neu-
geschäftes lag in der Geldentwertung, man versicherte allgemein viel höhere Summen, denn mit den früher üblichen
Versicherungen von 5000 bis 10000 M. konnte man jetzt
nicht mehr viel anfangen. Es ist nun klar, daß bei der gewöhnlichen Art der Deckungskapitalberechnung ohne Rücksicht auf die Abschlußkosten der buchmäßige Verlust um so
größer sein muß, je größer der Zugang an neuen Versicherungen ist. Deshalb benutzen heute die meisten Gesellschaften die Zillmersche Methode. Freilich „zillmert" man
nicht die ganzen Abschlußkosten sondern nur einen Teil,
z. B. $\alpha = 0{,}025$. Früher war es überhaupt nur zulässig bis
zum Satze $\alpha = 0{,}0125$, d. i. $12\tfrac{1}{2}\,^0/_{00}$ der Versicherungssumme
zu zillmern; aber diese Einschränkung ist nach dem Kriege
gefallen. In Tafel 15 findet man das Deckungskapital der
gemischten Versicherung des (50) bei 10-jähriger Versicherungsdauer nach der
gewöhnlichen Methode
(Tafel 13), ferner mit
den Zillmersätzen von
$\alpha = 0{,}025$ und $\alpha = 0{,}050$
nebeneinandergestellt.
In allen drei Fällen er-
reicht das Deckungs-
kapital am Ende der
Versicherung den Wert
der Versicherungs-
summe.

k	V	$\ddot V\,(0{,}025)$	$\ddot V\,(0{,}05)$
1	0,080	0,056	0,034
2	0,163	0,142	0,121
3	0,250	0,233	0,214
4	0,341	0,324	0,308
5	0,436	0,422	0,408
6	0,536	0,525	0,513
7	0,642	0,633	0,624
8	0,754	0,748	0,742
9	0,873	0,869	0,866
10	1,000	1,000	1,000

Tafel 15.

Für die gemischte Versicherung des (20) mit der Dauer
40 war der jährliche Beitrag nach Tafel 7 $P_{20,\,\overline{40|}} = 0{,}0186$.
Das Deckungskapital ohne Rücksicht auf die Abschlußkosten
ist nach Ablauf des ersten Jahres

$$_1V_{20} = A_{21,\,\overline{39|}} - P_{20,\,\overline{40|}} \cdot a_{21,\,\overline{39|}}$$

gemäß Formel (17). Darin hat man nach Formel (3)

$$A_{21,\,\overline{39|}} = \frac{M_{21} - M_{60} + D_{60}}{D_{21}} = \frac{14940 - 4635 + 7094}{48109} = 0{,}361$$

ferner nach (9)

$$a_{21,\,\overline{39|}} = \frac{N_{21} - N_{60}}{D_{21}} = \frac{980868 - 72734}{48109} = 18{,}88,$$

so daß　$_1V_{20} = 0,3615 - 0,0186 \cdot 18,88 = 0,011$

wird. Das gezillmerte Deckungskapital mit $\alpha = 0,05$ ist

$$_1\overline{V}_{20} = A_{21,\,\overline{39}|} - \left(P_{20,\,\overline{40}|} + \frac{0,05}{a_{20,\,\overline{40}|}}\right) \cdot a_{21,\,\overline{39}|} \cdot$$

Darin ist nach Tafel 10 $a_{20,\,\overline{40}|} = 19,06$, und so wird

$$_1\overline{V}_{20} = 0,3615 - \left(0,0186 + \frac{0,05}{19,06}\right) \cdot 18,88$$

oder　$_1\overline{V}_{20} = 0,3615 - 0,4021$

$$_1\overline{V}_{20} = -0,0406,$$

das Deckungskapital wird kleiner als Null, d. h. die Verpflichtung der Versicherten ist größer als die der Gesellschaft. Verfolgt man das Deckungskapital weiter durch Berechnung von $_2\overline{V}_{20}$ usw., so kommt man schnell auf positive
Werte. Die Gesellschaften pflegen übrigens in ihren Ver-
mögensaufstellungen die negativen Deckungskapitalien gleich
Null zu setzen.

9. RÜCKKAUFSWERT, BEITRAGSFREIE VERSICHERUNG, UMWANDLUNG

Der Rückkaufswert: Wie der vorige Abschnitt gezeigt
hat, hat die Versicherungsgesellschaft eine mit den Jahren
steigende Schuld an den Versicherten, deren Höhe theo-
retisch gleich dem Deckungskapital ist. Wenn nun der
Versicherte nach einer gewissen Reihe von Versicherungsjahren den jährlichen Beitrag nicht mehr zahlen kann oder
will, so hat er ein Recht auf das Deckungskapital, das ihm
die Gesellschaft gegen Rückgabe des Versicherungsscheins
(der Police) aushändigt. Die Gesellschaft kauft also gewissermaßen die Versicherung zurück, und den Preis dafür nennt
man den *Rückkaufswert*. Da der Gesellschaft aber durch
den Rückkauf der Versicherung nicht nur die künftigen ma-
matischen Beiträge sondern auch die Verwaltungskosten-
chläge entgehen, so zahlt sie als Rückkaufswert nicht das
e Deckungskapital, sondern nur einen Teil[1]), etwa 75%

) Sie ist gesetzlich dazu berechtigt (§ 176 des Vers. Vertrags-
etzes).

oder 80%, je nach ihren Bedingungen. In den ersten zwei
bis drei Jahren gibt man den Versicherungen gewöhnlich
gar keinen Rückkaufswert.

Gesetzt, die Gesellschaft zahle als Rückkaufswert 80%
des Deckungskapitals vom 3. Jahre, so sind bei der gemischten Versicherung des (50) auf 10 Jahre Dauer und 1000 M.
zu zahlen (Tafel 13):

am Ende des 3. Jahres: 80% von 250 M., gleich 200 M.

„   „   „ 4.   „   : 80% „ 341 M.,   „ . 272 M. usw.

Man vergleiche den Verlauf an der gestrichelten Kurve in
Figur 5!

Der Rückkaufswert gilt auch als Grundlage für die *Belei-
hung des Versicherungsscheins.* Wie die Banken gegen
Hinterlegung von Wertpapieren Darlehen bis zur Höhe von
75% oder 80% des Kurswertes der Papiere ausgeben, so
gewähren auch die Versicherungsgesellschaften ihren Versicherten Darlehen bis zur Höhe des Rückkaufswertes gegen
Hinterlegung des Versicherungsscheines.

Beitragsfreie Versicherung: Wenn dem Versicherten nur
darum zu tun ist, keine weiteren Beiträge mehr zu leisten,
ohne daß er Wert legt auf die Auszahlung des Rückkaufswertes, so kann er veranlassen, daß die Versicherung in eine
beitragsfreie umgewandelt wird. Soll das nach k Versicherungsjahren geschehen, so ist $_kV_x$ das zur Verfügung ste-
hende Deckungskapital. Faßt man das auf als Einmalbeitrag für eine Versicherung, so kann man dem Versicherten
diese Versicherung gewähren, ohne weitere Beiträge von ihm
zu verlangen. Ist A_k der Einmalbeitrag für die Versicherung
1, so ist $_kW_x \cdot A_k$ der Einmalbeitrag für die Versicherung
mit der Summe $_kW_x$, womit man die beitragsfreie Versicherung bezeichnet. Es muß also sein

$$_kV_x = {}_kW_x \cdot A_k$$

(20)   oder $$_kW_x = \frac{_kV_x}{A_k}$$

ist der Wert der beitragsfreien Versicherung.

Für die Todesfallversicherung hat man   .

(20a) $$_kW_x = \frac{_kV_x}{A_{x+k}},$$

für die gemischte Versicherung

(20 b) $$_kW_x = \frac{_kV_x}{A_{x+k,\overline{n-k}}},$$

für die Versicherung mit bestimmter Verfallzeit

(20 c) $$_kW_x = \frac{_kV_x}{A_{\overline{n-k}}}.$$

In den ersten zwei bis drei Versicherungsjahren pflegt man keine beitragsfreie Versicherung zu gewähren.

Für die gemichte Versicherung des (50) mit 10-jähriger Dauer und 1000 M. Versicherungssumme hat man nach 3 Jahren

$$_3W_{50} = \frac{_3V_{50}}{A_{53,\overline{7}}} \cdot 1000.$$

Nun ist nach Tafel 12 $A_{53,\overline{7}} = 0{,}800$, ferner nach Tafel 13

$$_3V_{50} = 0{,}250 ,$$

also $$_3W_{50} = 312$$

die beitragsfreie Versicherung nach 3 Jahren. In Tafel 16 findet man die Rückkaufswerte und beitragsfreien Versicherungen vom 3. bis zum 9. Versicherungsjahre für die Versicherungssumme 1000. Fig. 5 zeigt ihren Verlauf.

k	R	W
3	200	313
4	278	413
5	349	513
6	429	611
7	514	709
8	603	806
9	698	904

Tafel 16.

Umwandlungen. Außer der Umwandlung einer Versicherung mit jährlichen Beiträgen in eine beitragsfreie Versicherung kennt man auch noch andere Arten der Umwandlung von Versicherungen. Wie man dabei verfährt, soll an einem Beispiel gezeigt werden:

Eine Todesfallversicherung mit jährlicher Beitragszahlung soll umgewandelt werden in eine gemischte Versicherung des Endalters t. Die Todesfallversicherung, abgeschlossen auf das Leben des (x), hat den jährlichen Beitrag P_x; sie möge bereits k Jahre gelaufen sein. Vorhanden ist dann Deckungskapital $_kV_x$; der Versicherte hat das Alter $x+k$, zum Ablaufe der gemischten Versicherung bleiben da $n = t - (x + k)$ Jahre. Ist P der neue Beitrag, so wird künftige Beitragsleistung des Versicherten $P \cdot a_{x+k,\overline{n}}$. Wert der gemischten Versicherung des $(x + k)$ auf das Alter n, d. h. von n-jähriger Dauer, ist $A_{x+k,\overline{n}}$. Deckungs-

kapital und künftige Leistung des Versicherten zusammen-
genommen müssen gleich diesem Werte sein:

$$_kV_x + P \cdot a_{x+k,\,\overline{n}|} = A_{x+k,\,\overline{n}|},$$

und daraus findet man

$$P = \frac{A_{x+k,\,\overline{n}|} - {}_kV_x}{a_{x+k,\,\overline{n}|}}$$

als Beitrag der gemischten Versicherung.

Der (20) habe die Todesfallversicherung abgeschlossen;
sein jährlicher Beitrag ist $P_{20} = 0,0148$ (Tafel 6). Nach
$k = 20$ Jahren soll die Versicherung umgewandelt werden
auf eine gemischte Versicherung mit dem Endalter 60. Der
Versicherte hat dann das Alter $x + k = 40$, die weitere
Dauer der Versicherung $n = 20$. Folglich hat man als neuen
Beitrag:

$$P = \frac{A_{40,\,\overline{20}|} - {}_{20}V_{20}}{a_{40,\,\overline{20}|}}.$$

Man findet aus Tafel 3 den Wert $A_{40,\,\overline{20}|} = 0{,}561$, aus Tafel
10 $a_{40,\,\overline{20}|} = 12{,}98$. Ferner ist für die Todesfallversicherung

$$_{20}V_{20} = A_{40} - P_{20} \cdot a_{40}$$

nach Formel (16). Nun ist $A_{40} = 0,443$ (Tafel 1) und a_{40}
$= 16,46$ (Tafel 10), also $_{20}V_{20} = 0,443 - 0,0149 \cdot 16,46$

$$_{20}V_{20} = 0{,}198$$

und $$P = \frac{0{,}561 - 0{,}198}{12{,}98} = 0{,}0280.$$

Wäre 10000 M die Versicherungssumme gewesen, so hätte
der Versicherte für die Todesfallversicherung den jährlichen
Beitrag 149 M. zahlen müssen, dagegen 280 M. für die um-
gewandelte Versicherung.

10. GEWINN UND DIVIDENDE

Es ist schon darauf hingewiesen worden, daß die V
sicherungsgesellschaften aus ihren Versicherungen dadu
Gewinn erzielen, daß sich ihr Vermögen höher verzinst
rechnungsmäßig und daß die Sterblichkeit vielfach gering
ist, als aus der Sterbetafel hervorgeht. Ferner bemess
die Gesellschaften die Zuschläge für die Abschlußkost

. und laufenden Verwaltungskosten schon aus Gründen be-
rechtigter Vorsicht etwas reichlich, so daß sie durch spar-
same Verwaltung auch daraus Gewinn haben. Diese Ge-
winne kommen auch den Versicherten zugute, deren Versicherungen gewinnberechtigt sind. Sie erhalten Anteile
am Gewinn, entweder im Verhältnis zu ihren Beiträgen
(z. B. 10% des Beitrags) oder im Verhältnis zum Dek-
kungskapital. Manche Gesellschaften verwenden auch die
Gewinnanteile derVersicherten zur Erhöhung der Versicherungssummen. Über die technischen Grundlagen der Ge-
winn- und Dividendenberechnungen unterrichte man sich
aus umfangreicheren Lehrbüchern.

LITERATUR

Blaschke, E., Vorlesungen über mathematische Statistik. 1906.
Leipzig, B. G. Teubner.
Bleicher, H., Aus der politischen Arithmetik. In Weber-Well-
stein, Encyklopädie der Elementar-Mathematik III, 2. 2. Aufl.
1922. Leipzig, B. G. Teubner.
Bohlmann, G., Lebensversicherungs-Mathematik (Enc. I, 6). 1906.
Leipzig, B. G. Teubner.
Bortkiewicz, L., Anwendungen der Wahrscheinlichkeitsrechnung
auf Statistik (Enc. I, 6). 1906. Leipzig, B. G. Teubner.
Broggi, H., Versicherungsmathematik. 1911. Leipzig, B. G. Teubner.
Czuber, E., Wahrscheinlichkeitsrechnung. I. Wahrscheinlichkeits-
theorie, Fehlerausgleichung, Kollektivmaßlehre. 3. Aufl. 1914.
II. Mathematische Statistik, Mathematische Grundlage der Le-
bensversicherung. 3. Aufl. 1921. Leipzig, B. G. Teubner.
Czuber, E., Wahrscheinlichkeitsrechnung (Encyklopädie der mathematischen Wissenschaften 1, 6). 1906. Leipzig, B. G. Teubner.
Loewy, A., Mathematik des Geld- und Zahlungsverkehrs. 1920.
Leipzig, B. G. Teubner.
Manes, A., Versicherungswesen. I. Allgemeine Versicherungslehre. II. Besondere Versicherungslehre. 3. Aufl. 1922. Leipzig,
" G. Teubner.
ᴜes, A., Grundzüge des Versicherungswesens (Privatversi-
ierung). 3. Aufl. 1918. Leipzig, B. G. Teubner.
ißner, O., Wahrscheinlichkeitsrechnung. I. Grundlehre. II. An-
'endungen. 2. Aufl. 1919. Leipzig, B G. Teubner.
ber, H. und Bauschinger, J., Wahrscheinlichkeitsrechnung.
Weber-Wellstein, Encyklopädie der Elementar-Mathema-
: III, 2. 2. Aufl. 1922. Leipzig, B. G. Teubner.

FORMELN

(14) $_kV_x = A_{x+k}$ Deckungskapital der Todesfallversiche-Seite
rung mit Einmalbeitrag · · · · · · · · · 27

(15) $= A_{x+k, \overline{n-k|}}$ Deckungskapital der gemischten
Versicherung mit Einmalbeitrag· · · · · · 30

(16) $= A_{x+k} - P_x \cdot a_{x+k}$ Deckungskapital der Todesfallversicherung mit jährlichem Beitrag · · · 32

(17) $= A_{x+k, \overline{n-k|}} - P_{x\overline{n|}} \cdot a_{x+k, n-k}$ Deckungs-
kapital der gemischten Versicherung mit jährl.
Beitrag · · · · · · · · · · · · · · · · · 33

(18) $= v^{n-k} - P_x(A_{\overline{n|}}) \cdot a_{x+k, n-k}$ Deckungskapital
der Versicherung mit bestimmter Verfallzeit · 34

(19) Zillmersches Deckungskapital: $_k\overline{V}_x = A_k - \left(\dot{P} + \frac{\alpha}{a}\right)a_k$ 36

(19a) $A_{x+k} - \left(P_x + \frac{\alpha}{a_x}\right) \cdot a_{x+k}$ Todesfallversicherung · · · · · · · · · · · · · · 36

(19b) $A_{x+k, \overline{n-k|}} - \left(P_{x\overline{n|}} + \frac{\alpha}{a_{x\overline{n|}}}\right) a_{x+k, \overline{n-k|}}$ Ge-
mischte Versicherung · · · · · · · · · 37

(19c) $v^{n-k} - \left(P_x(A_{\overline{n|}}) + \frac{\alpha}{a_{k\overline{n|}}}\right) a_{x+k, n-k}$ Ver-
sicherung mit bestimmter Verfallzeit · · 37

(20) Beitragsfreie Versicherung: $_kW_x = \frac{_kV_x}{A_k}$ · · · 40

(20a) $\frac{_kV_x}{A_{x+k}}$ Todesfallversicherung · · · · · 40

(20b) $\frac{_kV_x}{A_{x+k, \overline{n-k|}}}$ Gemischte Versicherung · · · 41

(20c) $\frac{_kV_x}{A_{\overline{n-k|}}}$ Versicherung mit bestimmter
Verfallzeit · · · · · · · · · · · · · 41

Lightning Source UK Ltd.
Milton Keynes UK
UKHW020216030119
334668UK00005B/210/P